每天都想背出門！

多用途

單雙肩後背包

Multifunctional Backpacks

LuLu 彩繪拼布巴比倫、水貝兒縫紉手作、布棉花手作、吳玫妤、吳珮琳（胖咪）、兩個春天創作坊 - 烏瑪、鈕鈕樹◎合著

LuLu彩繪拼布巴比倫－LuLu

作者序

回想我是如何踏入手作界的呢？「製作自己想要的，有個人風格的物品。」就是這麼簡單的初衷喔！

從拼布開始，到彩繪、木工、編織……等等，我的手作路，一晃眼20多年了啊，可以想見生活日常裡俯拾即是自己完成的心愛手作品，那種不間斷加溫中的幸福和滿足感。

回到本書的重點－手作包，是的，我愛極了手作包！手作包實用度高、變化性大、存在感很強，每日穿戴不可少，男女老少都咸宜，自用送禮兩相宜……真的好處說不完，我是徹底被它收服了（笑）。

好想自己做包的朋友們，來吧！和我們一起，運用各式花樣材質打造適合各種場合的潮包吧！自己動手做包，手作成為日常，你會發現，它的美好。

簡介

熱愛手作生活並持續樂此不疲著，因為：「創新創造不是一種嗜好，而是一種生活方式。」

－包袋設計／電腦繪圖／版型製作／手作教學

－客製訂做：布包、皮件、皮革包、天然石珠寶編織

－著作：《職人手作包》、《防水布的實用縫紉》、《職人精選手工皮革包》、《手作人必學！生活輕旅兩用功能包》

－雜誌專欄：Cotton Life 玩布生活，Handmade 巧手易

－媒體採訪：自由時報、Hito Radio、MY LOHAS 生活誌

◇FB 搜尋：LuLu Quilt – LuLu 彩繪拼布巴比倫

◇部落格：blog.xuite.net/luluquilt/1

水貝兒縫紉手作－貝兒（蔡佩汝）

作者序

這次帶給大家的兩款後背包－「繽紛時尚防盜兩用包」與「清新空氣感後背包」，這兩款包都著重在好看、實用又帶有巧思這三個重點上。

不論是帆布自然的樸實感，或是尼龍布料的輕盈感，都讓包款更有特色。透過簡單拼接與變化靈活的拉鍊口袋，激發出新的創意，還有巧妙設計的背帶機關，可以單肩、雙肩自由選擇，這兩款後背包絕對值得你製作擁有。

簡介

貝兒老師於土木環境工程學系畢業，但是學業及工作都無法阻擋貝兒老師對縫紉的熱情。在大學期間有實習經歷等，畢業後從事相關工作也已有10年經歷，直至現在經營個人部落格。擁有女裝丙級證照，自學鉤針、刺繡，手作教學資歷10年，擅長將所學技巧搭配應用在作品上。

－教學內容：縫紉（女裝、男裝、童裝、包款、家飾）、鉤針、梭子蕾絲、刺繡、抽紗繡…等。

◇FB搜尋：水貝兒縫紉手作

布棉花

作者序

小兒子2010年出生的那一年，我就計畫性的為自己找出路，找一份能夠在家帶小孩、又能擁有小小一片天的出路。然後，我找到了對手作布包的熱愛，以及對毛線娃娃的狂愛。熱愛跟狂愛都找到了，從此潛力便全然迸發、一發不可收拾！

所到與所見，都是【布棉花】的創作靈感來源。走進布市就像到了寶山一樣興奮，可以將布料拿在手中呆立許久，在心中盤算布料的各種可能，可以在路上看到別人身上好看的包，就一路緊盯發呆。

當興趣與工作結合的結果，就是不計較工作時數、不在乎工作與生活不可分割，就連在家中也是小跑步，趕著把每樣事項盡快完成，只為了省出更多一丁點的時間來做包或做娃。

簡介

◇FB粉絲團：https://www.facebook.com/yami5463/
◇Instagram：https://www.instagram.com/bu.cotton/
◇E-mail：yami5463@gmail.com

吳玟妤 Mei Wu

作者序

為了幫兒子做筆袋，自行上網搜尋版型及做法開始，憑藉著家政科畢業的自信，從車縫到手縫繡上兒子的名字及喜歡的圖案，而這個筆袋成了同學間稱羨的專屬筆袋，也開啟了愛上手作的這條路。除了不定期參加手作聚會外，也更希望能認識更多手作朋友，一起加入聚樂布。

簡介

著作：《手作人最愛的防水布、帆布機能包》、《手作人必學！生活輕旅兩用功能包》

吳珮琳（胖咪）

作者序

一個包包一個夢想。我每次的設計，都希望能更貼近生活的實用性，並且時尚與美感都能兼具！現在就拿起書本，跟我一起來做出獨一無二的手作包包吧！

簡介

熱愛手作，從為孩子製作的第一件衣物開始，便深陷手作的美好而不可自拔。2010年開始於部落格分享毛線、布作及一些生活育兒的樂事。也開始專職手工布包的客製化訂作。2012年起不定期受邀為《Cotton Life 玩布生活雜誌》製作示範教學。

－合著著作：《城市悠遊行動後背包》、《超帥氣！城市輕旅萬用機能包》

◇部落格：萱萱彤樂會。胖咪愛手作
http://blog.xuite.net/kuo1150/twblog

◇FB搜尋：吳珮琳 https://www.facebook.com/wupangmi

兩個春天創作坊－烏瑪（Uma）

作者序

雖非相關科系畢業，但從第一次為自己做衣服開始，過程中的快樂、完成後的成就感太迷人，於是一路玩手作熱情不減。現在最愛的是分享手工包設計與創作的點點滴滴，和為喜歡獨一無二的朋友們，量身訂做美麗又實用的專屬包包。

簡介

●玩縫紉創作20餘年

●玩軟陶～取得台灣首屆軟陶講師資格～首創高雄市國中軟陶社團

●玩純銀黏土～
2000年取得日本銀彩DAC貴金屬純銀黏土專業講師證書
2001年獲得日本純銀黏土藝術創作大賽海外首獎（台灣首位獲獎）

●玩手工包～
2013年成立「兩個春天創作坊」粉絲頁

－著作：《超容量！休閒旅行機能包》、《手作人必學！生活輕旅兩用功能包》

◇FB搜尋：「兩個春天創作坊」、「烏瑪」

鈕釦樹－Amy Tung

簡介

原本任職高科技業，2004年買了第一台縫紉機後，就和手作結下不解之緣。2014年成立「鈕釦樹」手作教室，為喜歡手作的朋友們提供溫馨舒適的學習環境，舉辦多樣化手作課程教學及手作包訂製。2018年發表作品於知名手作雜誌《Cotton Life 玩布生活雜誌》。

◇FB搜尋：鈕釦樹Button Tree

目錄 Contents

就是白單雙肩兩用包

「一秒變形，看似單純卻又精巧」
今天想單肩背或雙肩背都可以，只要輕輕將背帶上的拉鍊拉開，
就可以滿足需求。尺寸輕巧，卻不失容量。

前方小口袋，輕鬆
收納隨身小物。

容量大小剛剛好，放進水壺或
24cm 折傘都綽綽有餘。

透過拉鍊開合，可隨
意將背帶變換成雙肩
背或單肩。

設計：布棉花

紙型：A面　　高28cm×寬19cm×厚10cm

裁布表

※ 紙型與數字尺寸皆不含縫份，若無特別說明，請外加縫份 1cm。

部位名稱	尺寸	數量	備註
表布／白色帆布			
袋身表布	紙型	2片	
拉鍊表布	紙型	1片	
背帶拉鍊表布	紙型	2片	正反各1
配色布／咖啡色帆布			
袋底表布	紙型	1片	
背帶拉鍊裡布	紙型	2片	正反各1
外口袋表布	紙型	1片	
上背帶布	紙型	2片	無縫份
下背帶布	12×7.5cm	2片	無縫份
配色布／花布			
外口袋拉鍊延長布	7×4cm	2片	無縫份，外口袋用
裡布／圖案布			
袋身裡布	紙型	2片	
拉鍊裡布	紙型	1片	
袋底裡布	紙型	1片	
外口袋裡布	紙型	1片	

配 件

· 雙頭拉鍊 50cm×1 條（袋身）
· 拉鍊 36cm×1 條（背帶）
· 拉鍊 13.5cm×1 條（外口袋）
· 裝飾麂皮繩 ×4 小段（拉鍊頭裝飾）
· 背帶金屬扣環 ×2 個
· 寬 3cm 金屬問號鉤 ×2 個
· 寬 3.5cm 金屬日型環 ×2 個
· 寬 2.5cm 織帶 150cm 長 ×1 條
· 寬 1cm 包邊織帶 188cm 長 ×1 條

製作方法

※ 拉鍊可先在正反面貼上水溶性膠帶，能讓製作更順手唷！（惟外口袋拉鍊一端僅貼正面）

※ 製作途中遇到車縫拉鍊時，記得先更換拉鍊壓布腳再進行車合。

（一）製作袋身拉鍊布

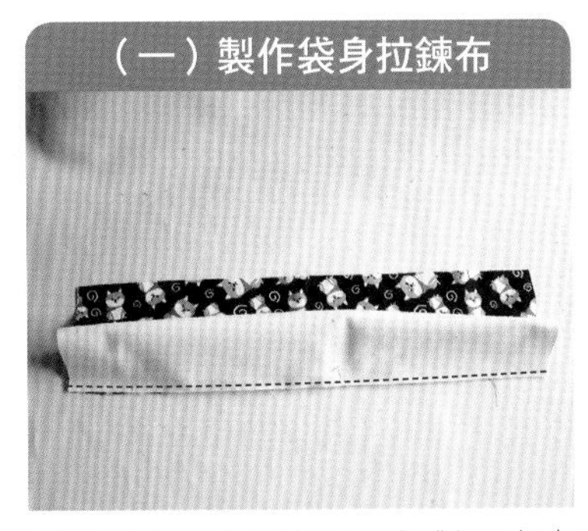

1 將拉鍊表裡布正面相對，夾車50cm拉鍊一端。

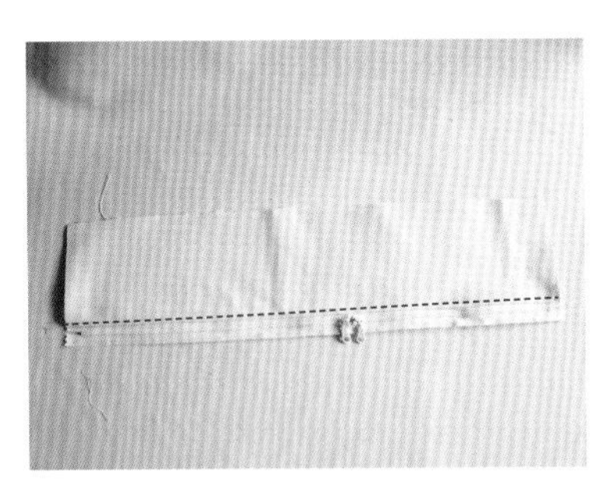

2 翻回正面，壓一道裝飾線。

（二）製作側身

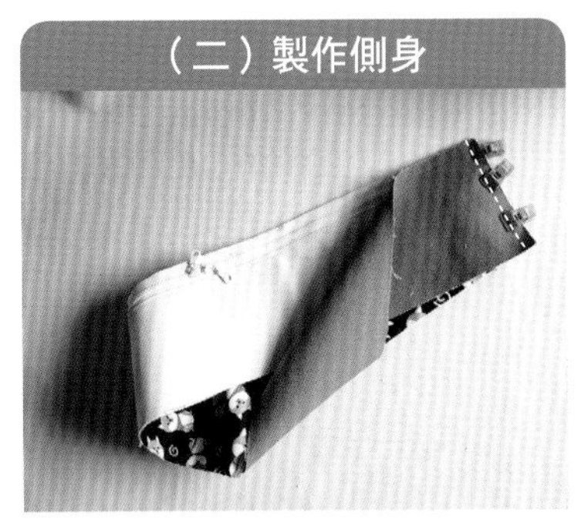

1 將袋底表裡布正面相對，夾車拉鍊布短邊。翻回正面，壓一道裝飾線。同做法製作另一端。

2 將袋底表裡布與拉鍊布三者長邊對齊，上下縫份各疏縫一圈，完成側身。

（三）製作拉鍊外口袋

1 取一片外口袋拉鍊延長布與13.5cm拉鍊正面相對，車合一道固定在拉鍊上。

2 將拉鍊延長布往外折，翻至背面，如圖先把拉鍊布下端往上折，對齊拉鍊邊，接著再將拉鍊布上端對折兩次。

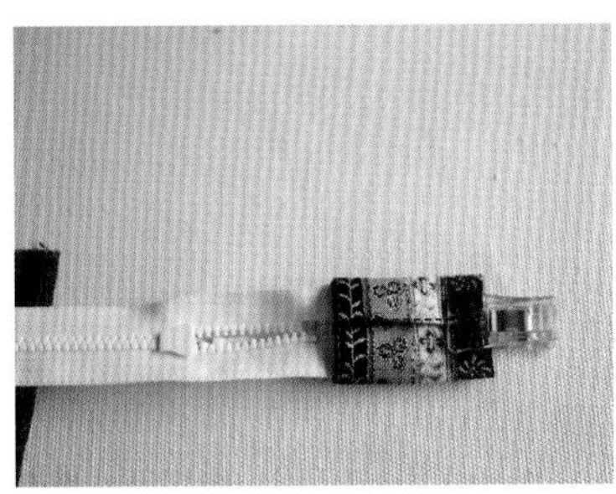

3 如圖車縫一道直線與橫線，同做法完成另一端。

4 取外口袋表裡布正面相對，夾車拉鍊一端（拉鍊正面朝下）。

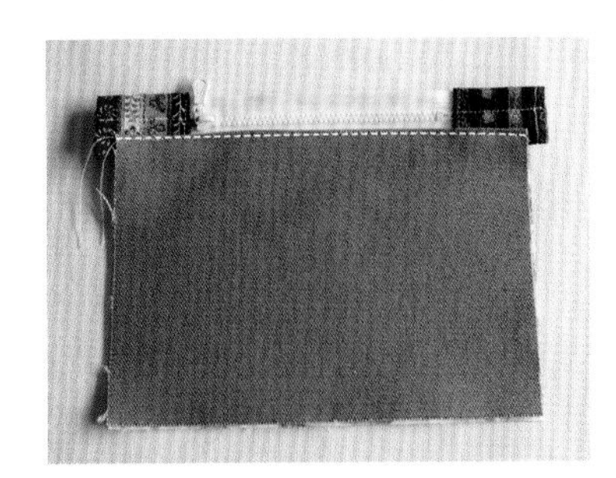

5 翻回正面，壓一道裝飾線。

（四）製作前袋身

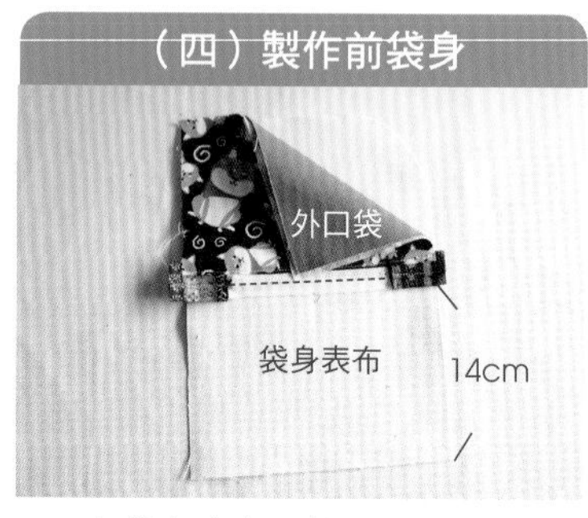

1 在袋身表布下端往內14cm處，使用消線筆畫記號，接著將外口袋拉鍊另一端正面貼雙面膠帶，對齊記號，車縫固定。

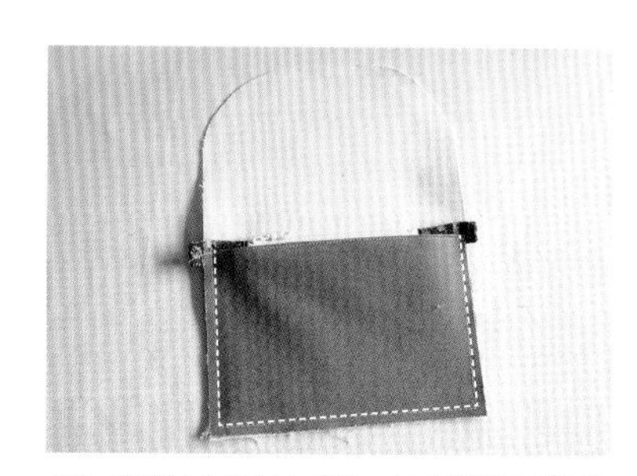

2 將外口袋往下翻，三邊對齊袋身表布，疏縫U字型。

3 袋身表裡布背面相對，周圍疏縫一圈，完成表袋身前片。

4 將側身與表袋身前片正面相對，沿邊對齊並車縫一圈（可先車合上半段，再車下半段）。車好取包邊織帶包夾住縫份，車縫固定，完成前袋身。

（五）製作後袋身

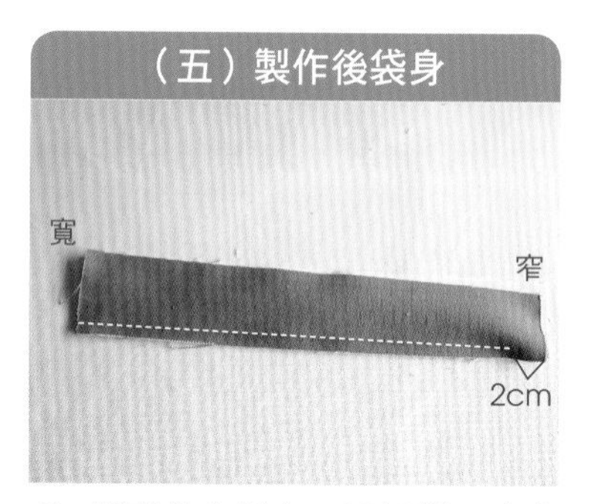

1 將背帶表裡布正面相對，夾車36cm拉鍊一端（留意背帶窄處貼合拉鍊頭位置），記得拉鍊頭要預留2cm不要車。

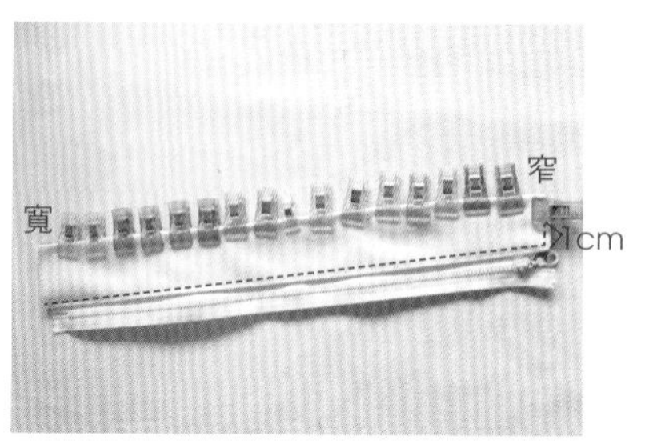

2 翻至正面，壓一道裝飾線。如圖將窄處的縫份往內收合，先車縫1cm即停止。

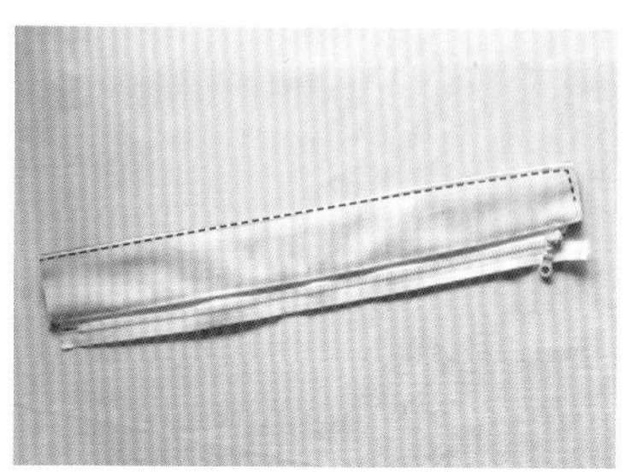

3 將背帶表裡布其他邊縫份往內收合，如圖車縫。

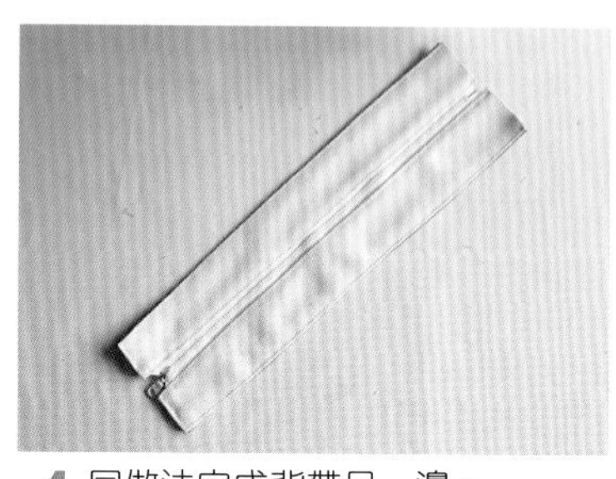

4 同做法完成背帶另一邊。

5 上背帶布兩片正面相對，對齊背帶寬處，沿寬處車縫一道固定。

6 將上背帶布翻至正面，兩側縫份往內收合，車U字型裝飾線。

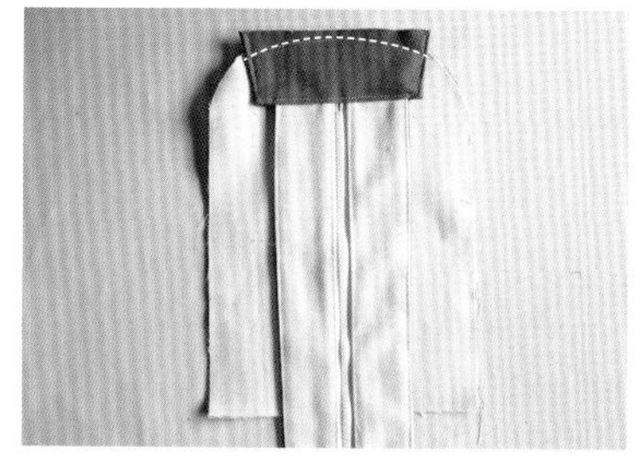

7 上背帶布正面朝上，對齊袋身表布正面，沿邊車一道弧線，將多餘的上背帶布修剪。

8 下背帶布上端往內折1.5cm再對折，取兩段寬2.5、長6cm織帶穿入背帶釦環後對折，接著夾入下背帶布，對齊剛折好的1.5cm並車縫。

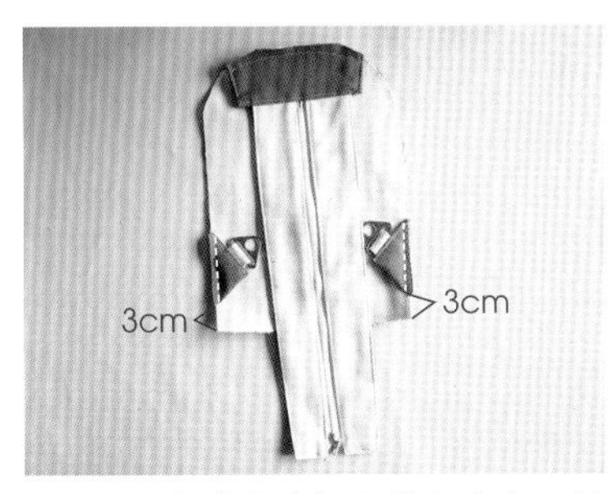

9 將下背帶布車縫在袋身表布，接著剪去多餘的下背帶布。

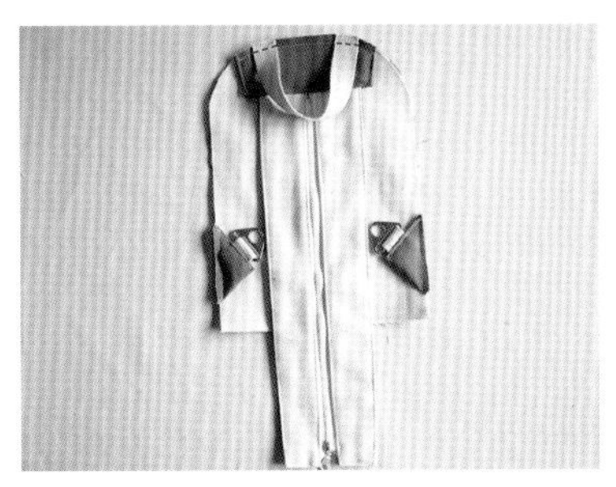

10 取一段寬2.5、長22cm織帶，如圖車縫在袋身表布。接著將袋身表裡布背面相對，周圍疏縫一圈，完成表袋身後片。

11 將表袋身後片正面朝下，對齊前袋身，沿邊車縫一圈。車好取包邊織帶包夾住縫份，車縫固定，完成整個袋身。

12 翻至正面並整理袋型。

（六）製作可調式背帶

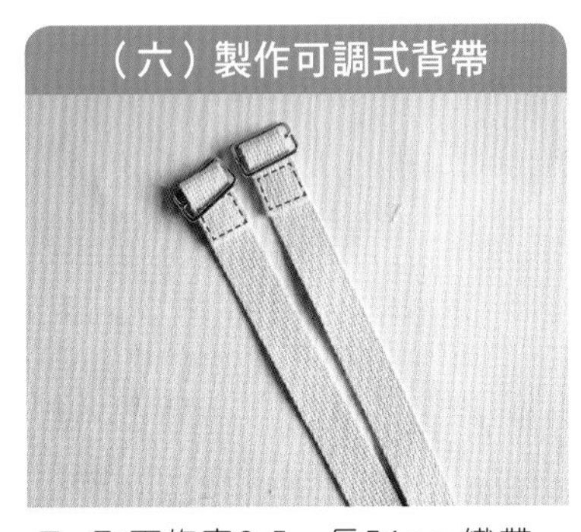

1 取兩條寬2.5、長56cm織帶，將一端穿過日型環後往內折2.5cm，如圖車縫固定。

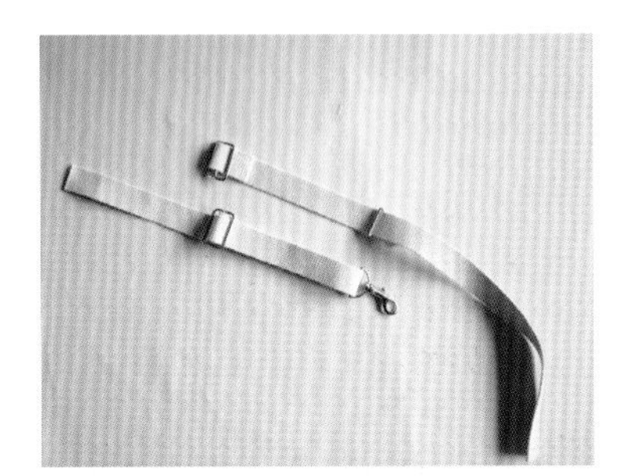

2 將織帶另一頭穿過問號鉤，再回穿至日型環。

3 將織帶往內對折約3cm，如圖車縫在背帶下端窄處。

4 取麂皮繩分別綁於拉鍊頭裝飾，完成。

花漾行旅單背包

運用長拉鍊創造大開口好收好拿，
修飾身型的水滴包款，搭配輕盈的減壓背帶選用，背起來美型又輕鬆。

主袋身的側開超長拉鍊，放入保溫瓶或更大尺寸的物品都沒問題。

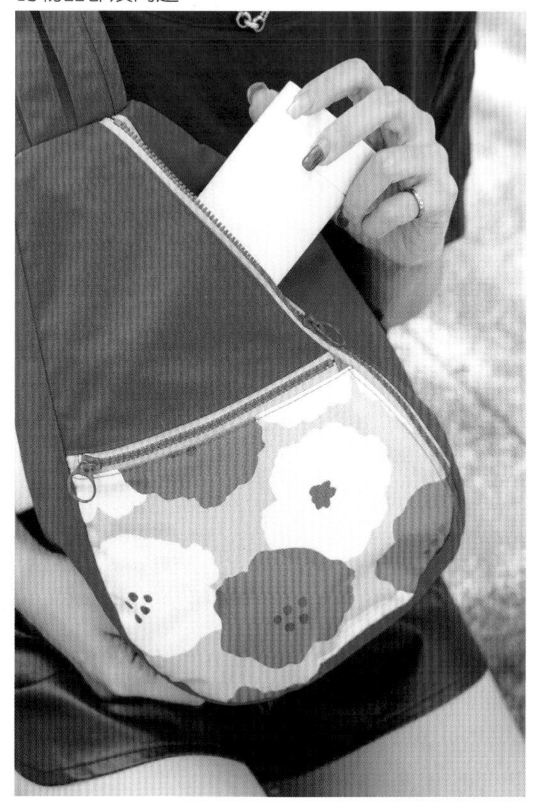

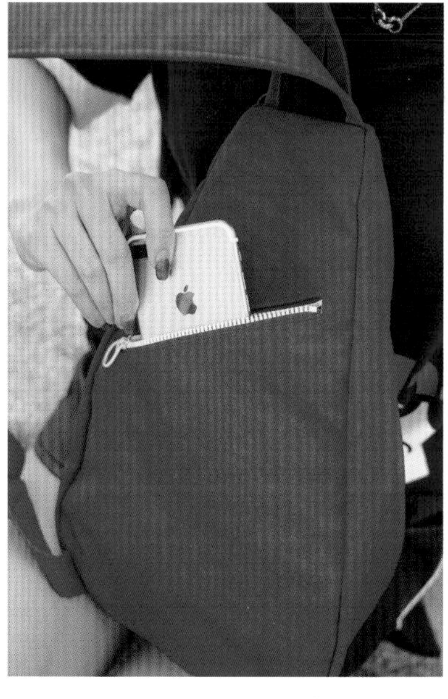

背面的一字拉鍊口袋可放貴重物品，用起來更放心。

設計：鈕釦樹 Button Tree

紙型：A面　　尺寸：高27cm×寬40cm×厚14cm

裁布表

※ 除背帶 F5 外，版型均需外加 0.7cm 縫份（表、裡布裁布時要注意正反方向）。

部位名稱	尺寸	數量	備註
表布			
F1 前上袋身	依紙型	1 片	
F2 後袋身	依紙型	1 片	
F3 左側袋身	依紙型	1 片	
F4 右側袋身	依紙型	1 片	
F5 背帶布	依紙型	1 片	
F6 提帶布	6×20cm	1 片	
F7 拉鍊擋布	2.5×22cm	1 片	
F9 背帶包邊布	4×95cm	1 片	
裡布			
B1 前袋身	依紙型	1 片	
B2 前口袋布	20×40cm	1 片	
B3 後袋身	依紙型（反）	1 片	
B4 左側袋身	依紙型（反）	1 片	
B5 右側袋身	依紙型（反）	1 片	
B6 拉鍊擋布	2.5×6cm 2.5×22cm	2 片 1 片	
B7 包邊布	4×100cm	1 片	
B8 後拉鍊口袋布	18×40cm	1 片	
B9 內口袋布	30×36cm	1 片	
圖案布			
F8 前下袋身（前口袋）	依紙型	1 片	
拉鍊擋布	2.5×6cm	2 片	

配 件

· 3.2cm 日型環 1 入、3.2cm 口型環 1 入
· 減壓網布 7×51cm
· 薄鋪棉 7×51cm
· 塑鋼拉鍊 15cm 2 條、30cm 1 條
· 3.2cm 織帶 15cm 1 條、75cm 1 條

製作方法

（一）前袋身製作

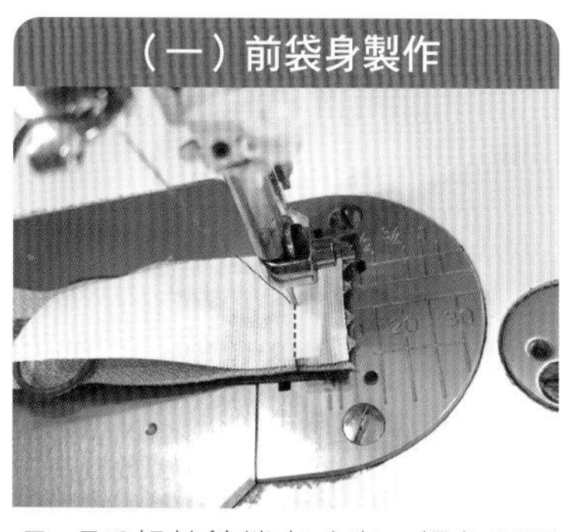

1 取2組拉鍊擋布（表、裡）各別與15cm拉鍊兩端車縫。

2 翻至正面壓線0.2cm。

3 前口袋圖案布及前口袋裡布（20×40cm）正面相對夾車拉鍊一側。

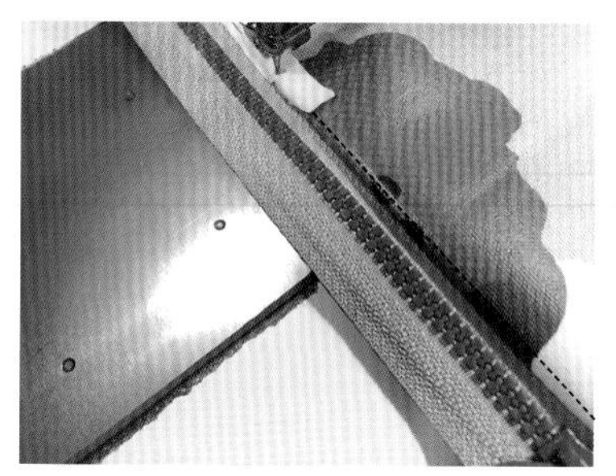

4 翻至正面，在距拉鍊0.2cm處壓一道裝飾線。

F1（背）

5 口袋裡布往上折，和上袋身（F1）夾車拉鍊另一側。

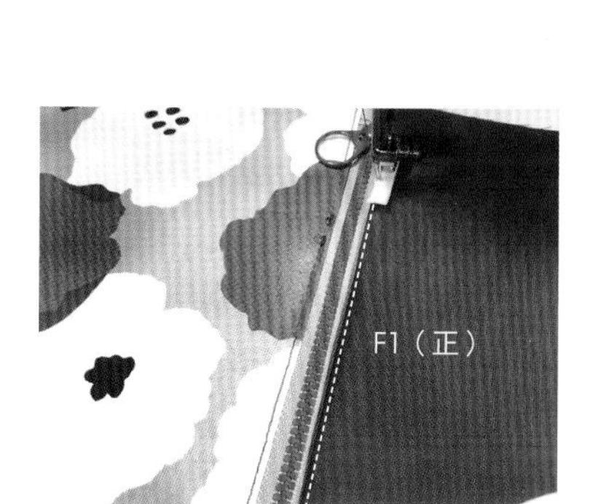

6 翻摺至正面，在上袋身離拉鍊0.2cm處壓線固定。

7 疏縫前口袋一圈後，修剪多餘的口袋裡布及拉鍊擋布。

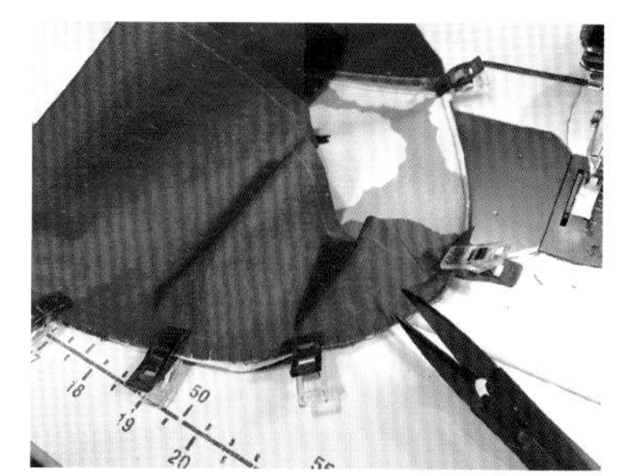

8 左側袋身（F3）圓弧處修剪牙口，同時用強力夾服貼地固定在前袋身左側，車縫0.7cm接合至止點。

9 縫份倒向左側袋身，並在其上壓縫0.2cm。

10 以步驟（一）8～9相同方式，接合前袋身裡布及左側身裡布，並壓線。

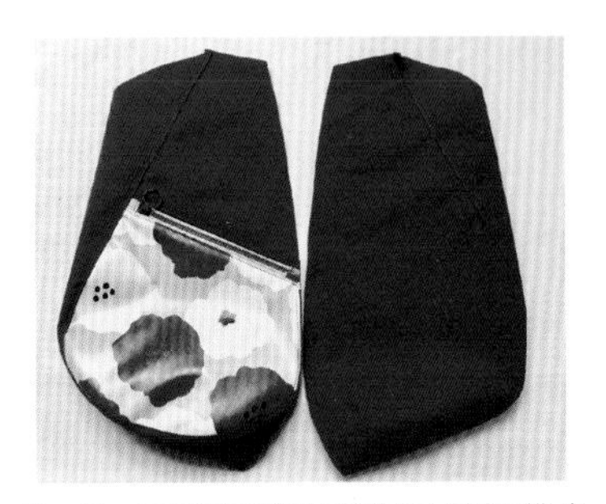

11 完成的前表袋身及前裡袋身左右對稱。

12 取30cm拉鍊尾端夾車22cm拉鍊擋布。

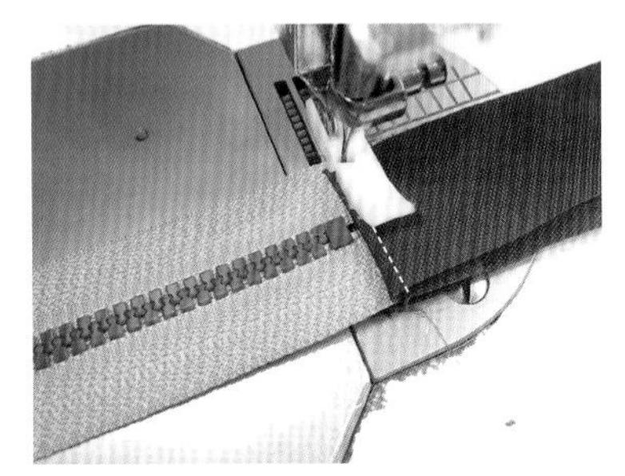

13 翻至正面，壓縫0.2cm。

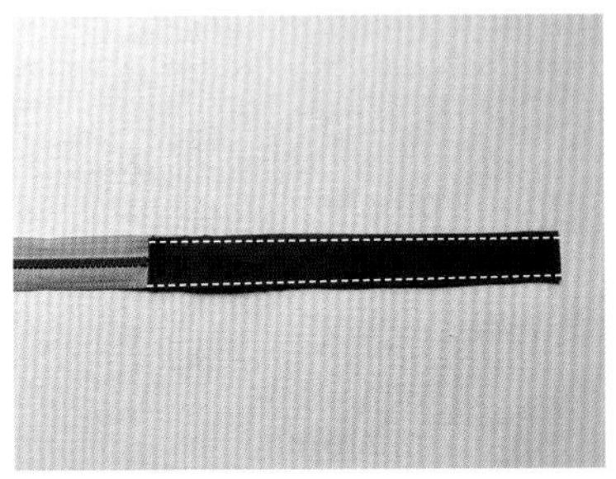

14 將拉鍊擋布兩側疏縫固定。

15 將拉鍊以強力夾固定在前表袋身及前裡袋身之間，車縫0.7cm。

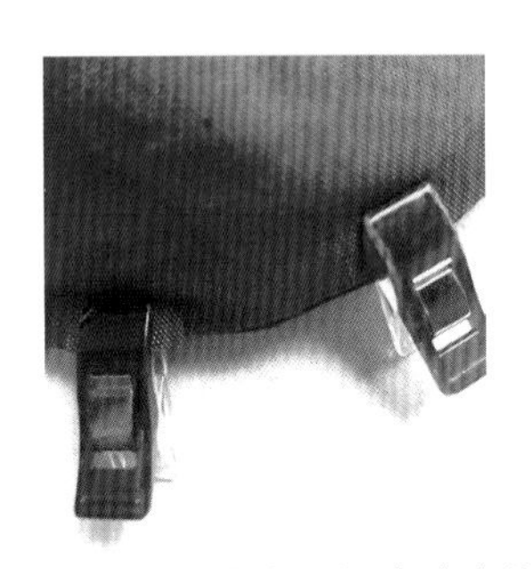

16 圓弧處的表、裡布適當修剪牙口。

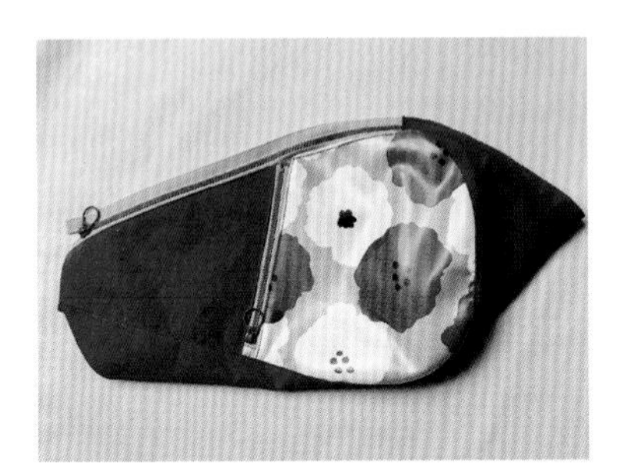

17 翻回正面，在距離拉鍊0.2cm處，壓線固定。

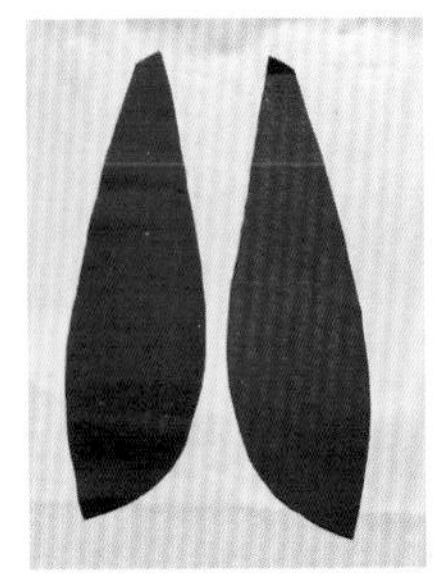

18 左：右側袋身裡布／右：右側袋身表布。

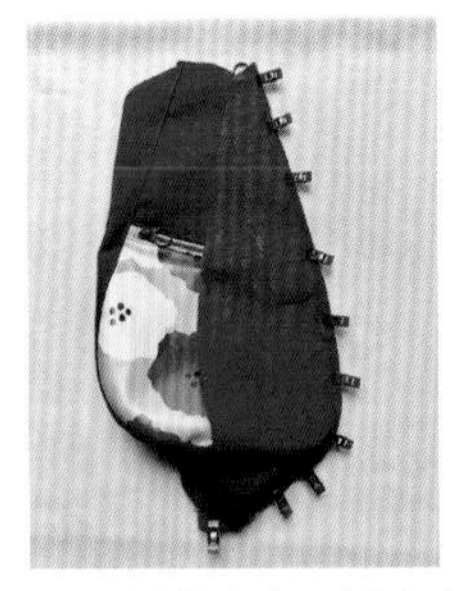

19 將右側袋身表、裡布夾車在拉鍊的另一側。

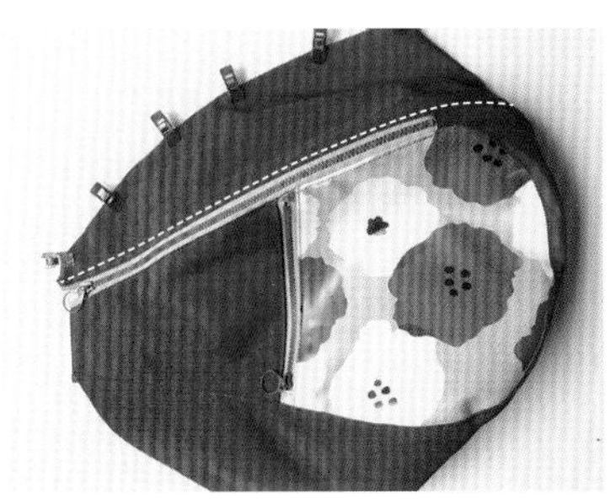

20 在圓弧處車線外的表、裡布修剪牙口，翻至正面，沿著拉鍊壓線0.2cm。

21 將四周表、裡布對齊，疏縫一圈。

（二）後袋身製作

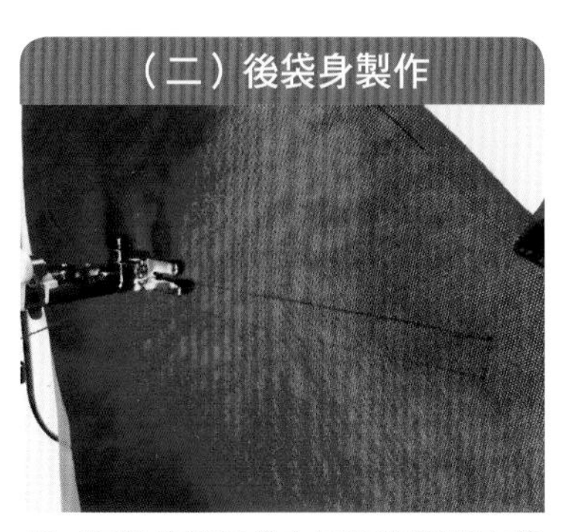

1 取後拉鍊口袋布正面相對置在後袋身上，依版型所示畫出15cm拉鍊位置，並依記號線車縫一圈。

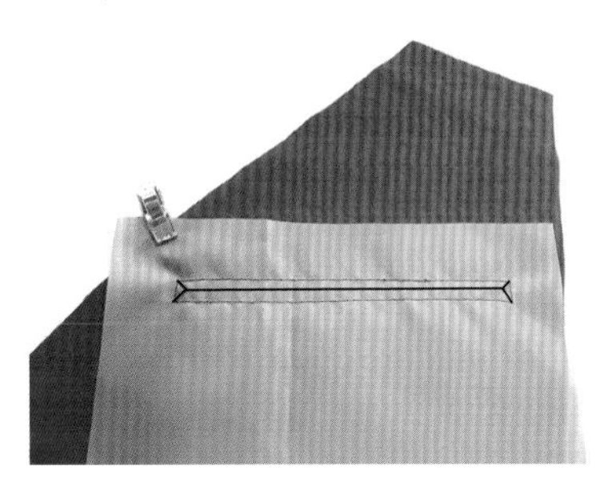

2 在長方形框裡剪出中線及兩端Y字。

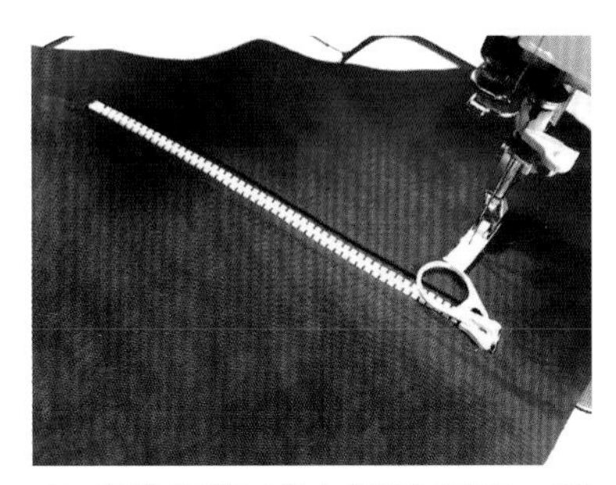

3 將後拉鍊口袋布從洞口穿入，形成的長形框中放上15cm拉鍊，沿框車縫0.2cm固定拉鍊。

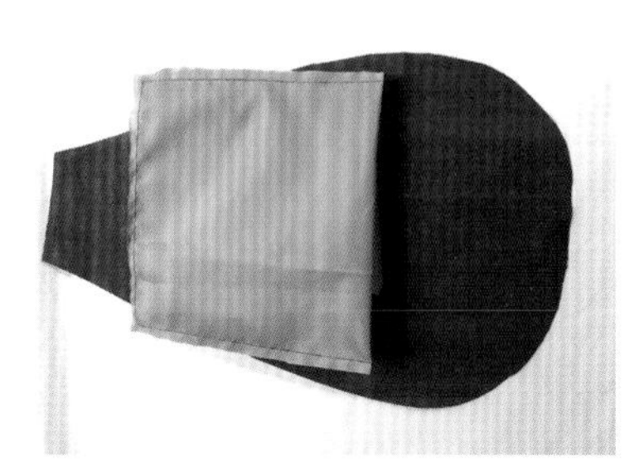

4 將拉鍊口袋布上折，車縫三周。

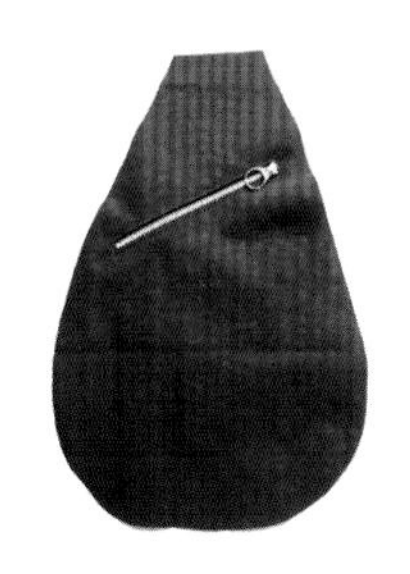

5 完成後拉鍊口袋。

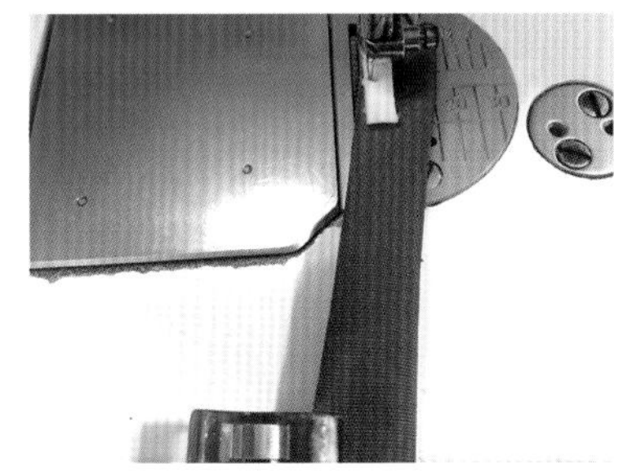

6 取6×20cm提帶布，長邊內摺1cm再對摺，車縫0.2cm固定。

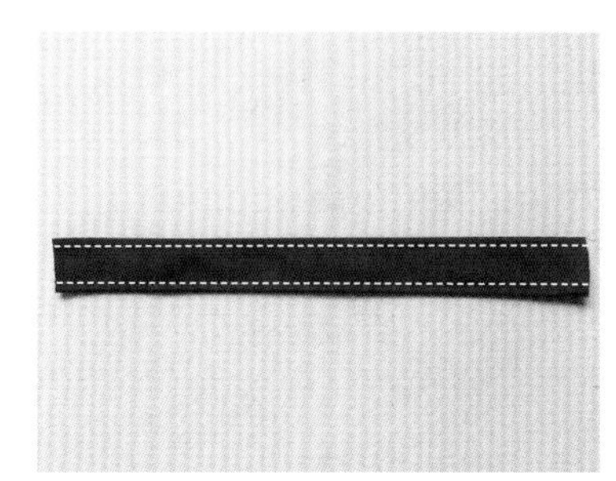

7 另一側亦車縫0.2cm裝飾線，完成的提帶布。

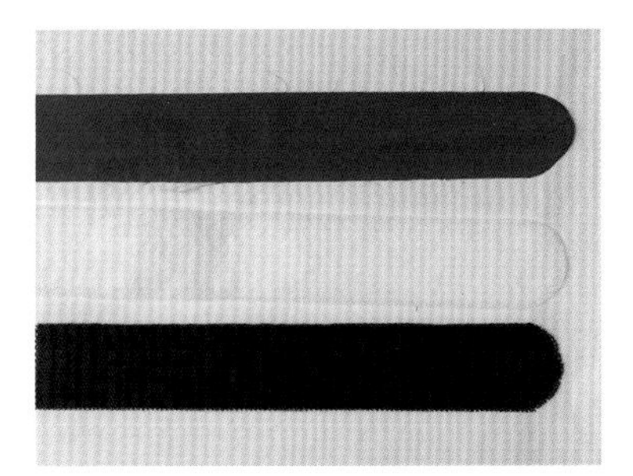

8 依序將背帶布、鋪棉、減壓網布疏縫一圈固定。

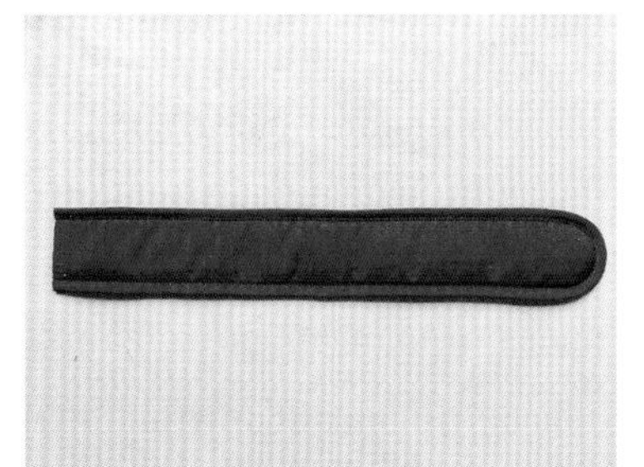

9 三周以包邊布包覆車縫。（直線短邊除外）

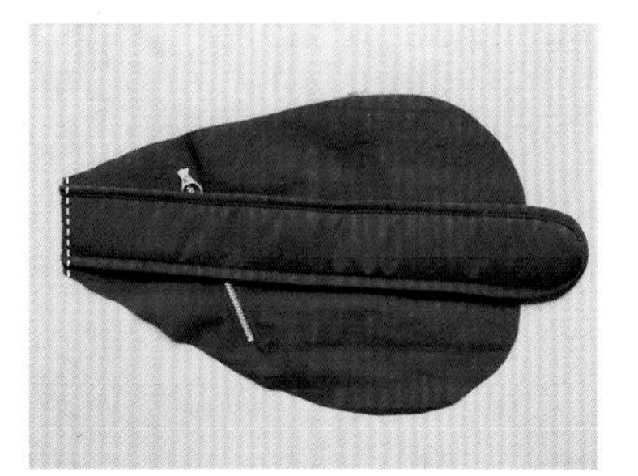

10 將背帶固定在後袋布上緣中間。

11 將（二）步驟7完成的提帶布對摺，固定在背帶上。

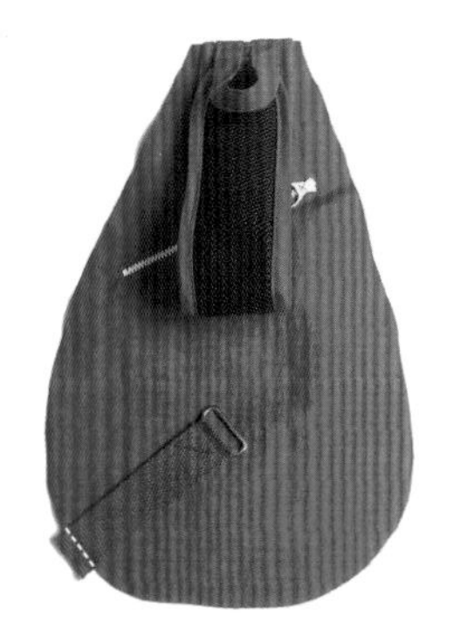

12 將3.2cm／15cm織帶一端固定口型環，並車縫至後袋布左下方織帶固定記號處。

13 內口袋布短邊（30cm）對摺車縫0.7cm。

14 翻至正面，在上端壓線0.2cm。

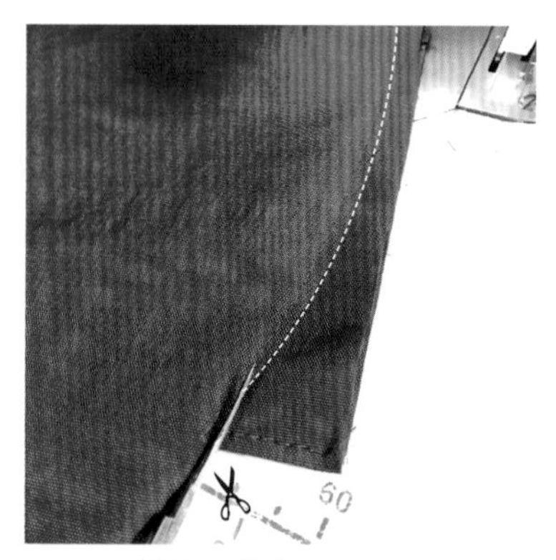

15 將內口袋布固定在後裡袋布上，修剪多餘的口袋布。

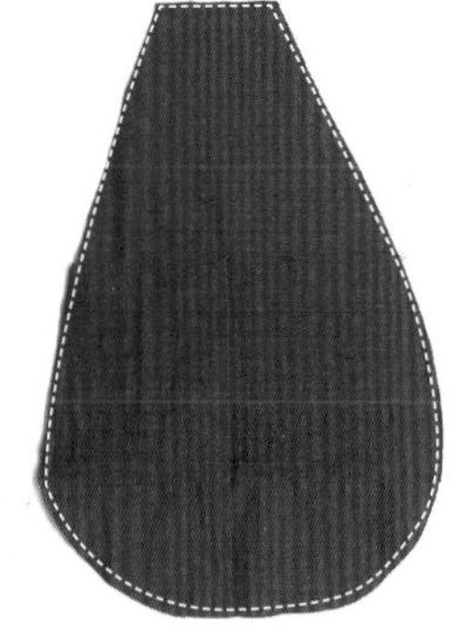

16 依需求加上口袋分隔線，完成內口袋，並將後表袋及後裡袋背對背對齊布邊，疏縫一圈。

（三）組合

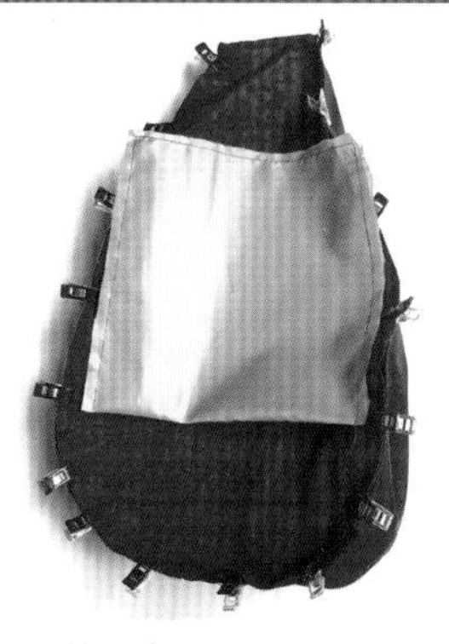

1 將前袋身及後袋身正面相對，以強力夾固定一圈車合0.7cm。

2 以包邊布（或人字帶）包覆一周收邊後，翻回正面。

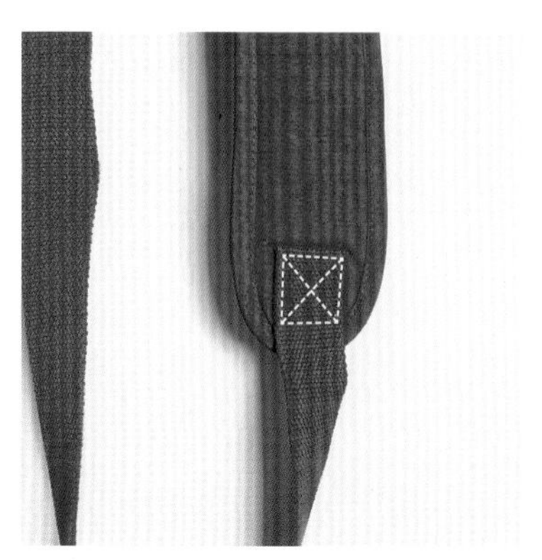

3 將75cm長織帶一端對摺3cm，固定在背帶上。

4 長織帶另一端先套入日型環再套入口型環，再反摺車縫固定。

5 完成。

森林浴單雙肩後背袋

抽繩設計調節袋身伸縮自如，兩用背帶可單、雙肩自由切換，
日常通勤或休假出遊雙手放空，走出自信的步伐。

依個人使用喜好，把背帶扣在袋底其中一端的 D 型環上，左、右斜背通用。

兩側袋口可利用束口環調節寬度，聰明擴張後背包的容量。

輕鬆一拉拉鍊，簡單切換兩種揹法。

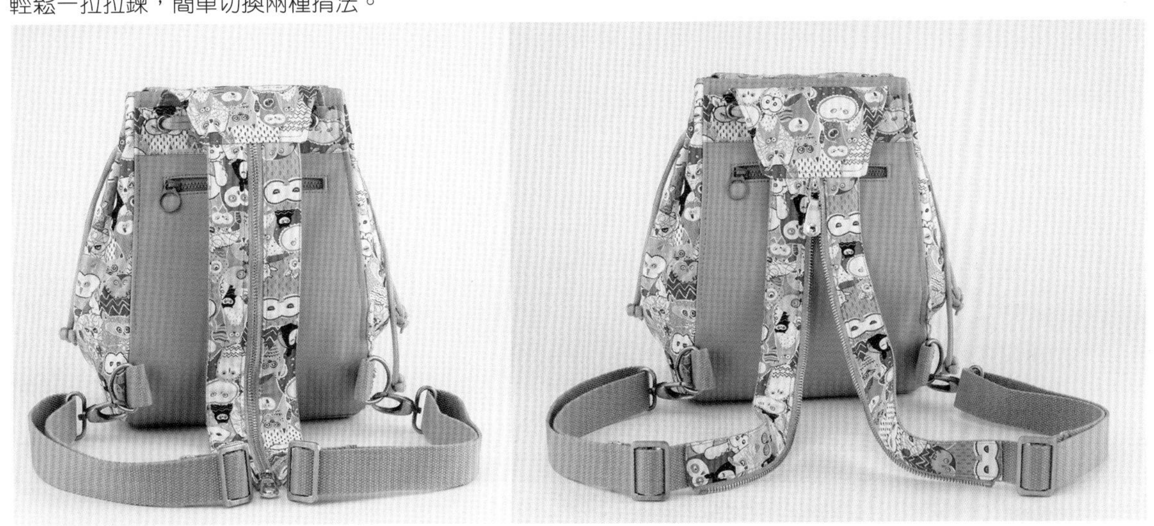

設計：兩個春天創作坊－烏瑪

紙型：A面　　尺寸：寬22cm×高30cm×厚11cm

裁布表

※ 紙型不含縫份，除特別標示外，製作時請加縫份 1cm。數字尺寸已含縫份。）　（單位：cm）

部位名稱	尺寸	數量	襯	數量	備註
表袋身					
袋蓋（表－圖案棉布）	紙型 A4	1	厚布襯	1	★厚布襯不含縫份
（裡－防水布）		1	特殊襯	1	★特殊襯以紙型 A5 剪裁
前表袋口袋袋身					
（表－仿皮革）	紙型 A2	1	×		
（裡－防水布）		1	特殊襯	1	
前表袋口袋側袋身					
（表－圖案棉布）	紙型 A3	1	厚布襯	1	★厚布襯不含縫份
（裡－防水布）		1	特殊襯	1	
前，後表袋身（仿皮革）	紙型 A	各 1	★特殊襯以紙型 A6 摺雙剪裁一片		
表袋底（仿皮革）	紙型 A1	1			
表側身（圖案棉布）	紙型 B	2	厚布襯	1	★厚布襯不含縫份，以紙型 B1 剪裁
			薄布襯	1	●薄布襯含縫份，以紙型 B 剪裁
背帶絆布					
（表－圖案棉布）	紙型 C	1	厚布襯	1	★厚布襯不含縫份
（裡－防水布）		1	特殊襯	1	
背帶布	→ 5× ↑ 39	2	薄布襯	2	
背帶絆布固定布（棉布）	紙型 C1	1	薄布襯	1	
開放口袋布（防水布）	→ 17× ↑ 40	1	×		
裡袋身					
前，後裡袋身（防水布）	紙型 A6	各 1	特殊襯	1	★特殊襯以紙型 A6 摺雙剪裁一片
裡側身貼邊（棉布）	紙型 B1	2	厚布襯	2	★厚布襯不含縫份
裡側袋身（防水布）	紙型 B2	2	×		
拉鍊口袋布（防水布）	→ 19× ↑ 40	1	×		
開放口袋布（防水布）	→ 16× ↑ 32	1	×		
	→ 18× ↑ 32	1	×		

用布

1. 表布圖案布－棉布 2 尺 2. 配布－仿皮革 2 尺 3. 裡布－肯尼防水布 2 尺 4. 口袋布－薄防水布 2 尺

配件

- 皮帶釦（長約 11cm）1 組
- 問號鉤 3.2cm2 個、日型環 3.2cm2 個、D 環 3.2cm3 個
- 3.2cm 織帶 9 尺
- 3V 塑鋼拉鍊 15cm ／ 13cm 各 1 條
- 5V 碼裝塑鋼 39cm1 條、5V 塑鋼拉鍊頭 1 個
- 鉚釘 8mm×8mm6 組
- 15mm 雞眼釦 20 組
- 束口環 2 個、圓柱型鞋帶長 54cm 2 條

本包密技

1. 烏瑪式超好背單、雙肩組合背帶，一體成型的設計，帥氣又俐落、輕巧又實用。
2. 兩側袋身獨特抽摺設計加強內容量，小小口袋大大容量。
3. 運用棉布抽褶依然輕挺又自然的訣竅。

製作方法

（一）襯的處理

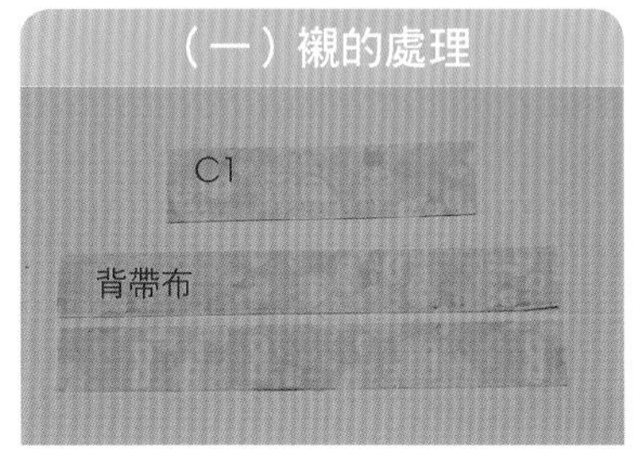

1 C1背帶絆布固定布、背帶布燙薄布襯。

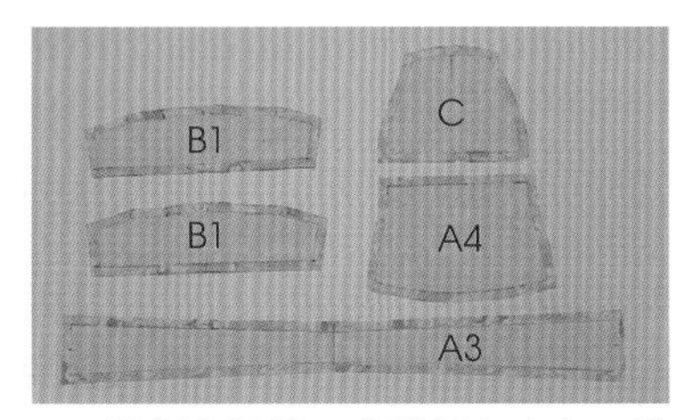

2 裡側身貼邊、背帶絆布表布、袋蓋表布、前表袋口袋側袋身表布～燙厚布襯（★不含縫分）。

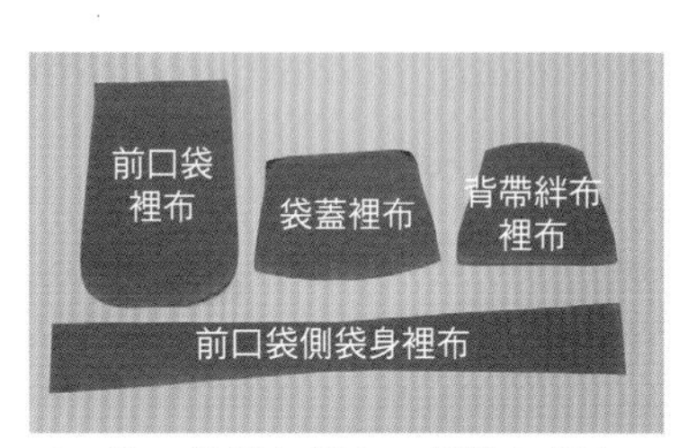

3 前口袋袋身裡布、側袋身裡布，袋蓋裡布、背帶絆布裡布先和特殊襯四周車縫一圈。

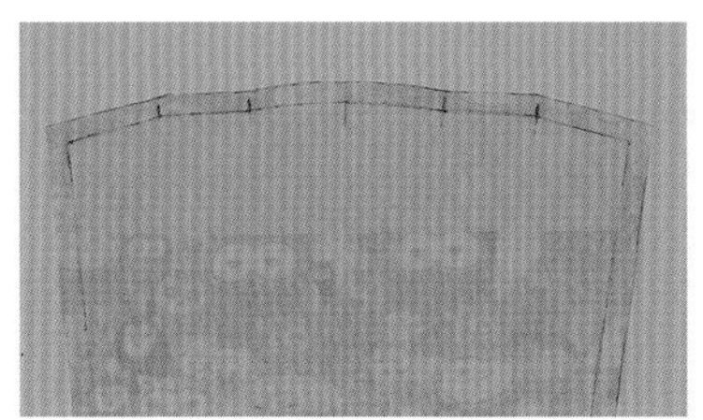

4 表側身貼邊位置先燙厚布襯（★不含縫分），表側袋身再燙薄布襯。

（二）製作袋身

1 後表袋身先依紙型標示位置製作一字拉鍊口袋。

2 表袋底和後表袋身正面相對，底部對齊車縫。

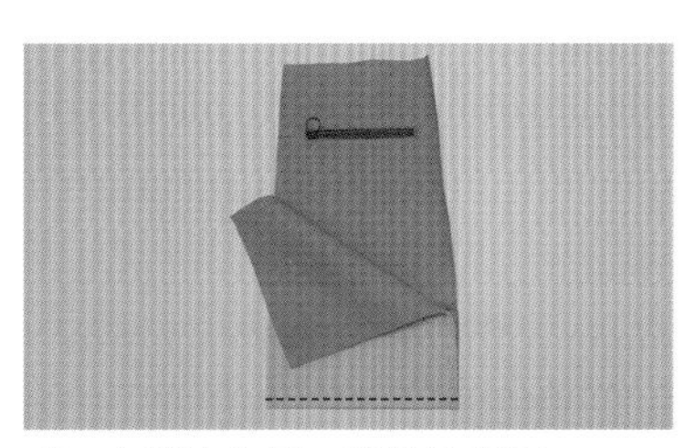

3 表袋底的另一側做法相同。

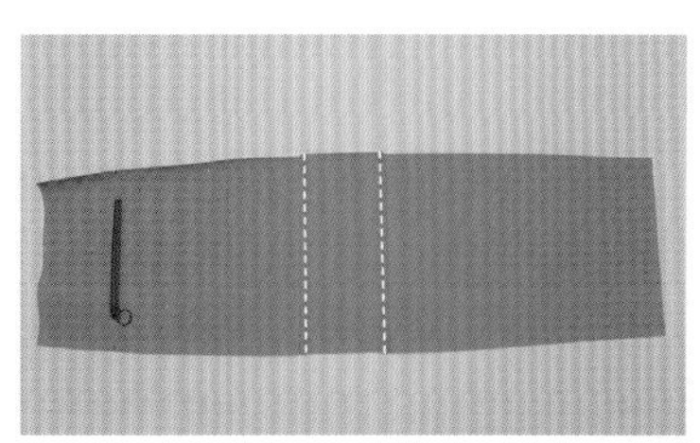

4 回到正面，縫份倒向袋底，沿邊0.5cm壓線在表袋底。再和特殊襯四周車縫一圈。完成表袋身。

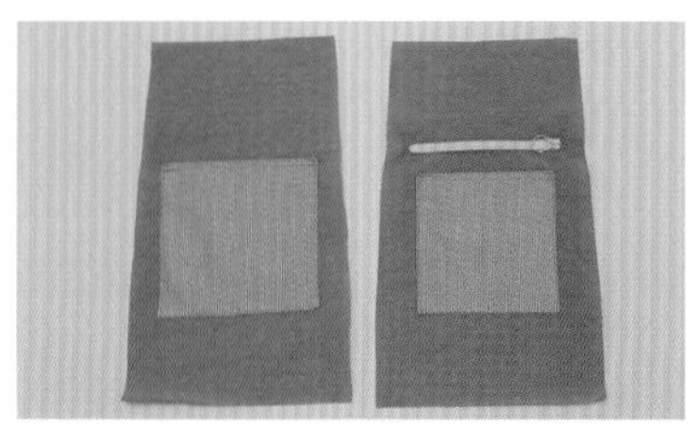

5 裡袋身依個人需求製作口袋。

6 前後裡袋身正面相對車縫底中心。

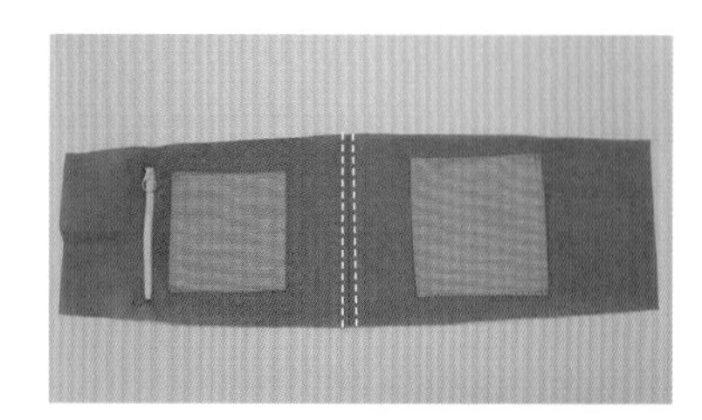

7 回到正面，縫份倒兩側，車縫裝飾線。再和特殊襯四周車縫一圈。完成裡袋身。

8 裡側身貼邊和裡側袋身正面相對車縫。

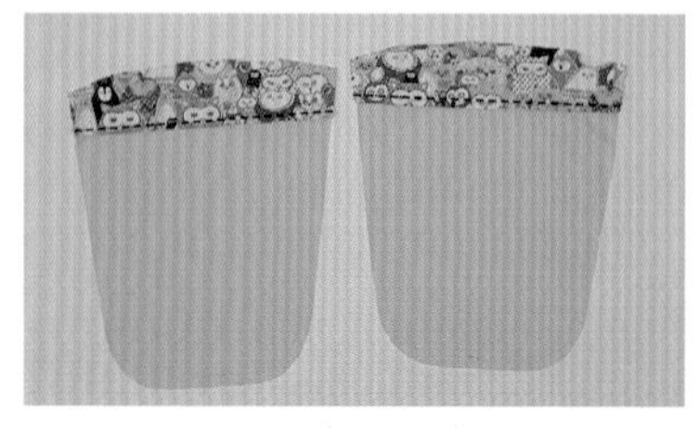

9 縫份倒向貼邊，沿邊壓線，完成裡側袋身。

（三）製作前表袋口袋

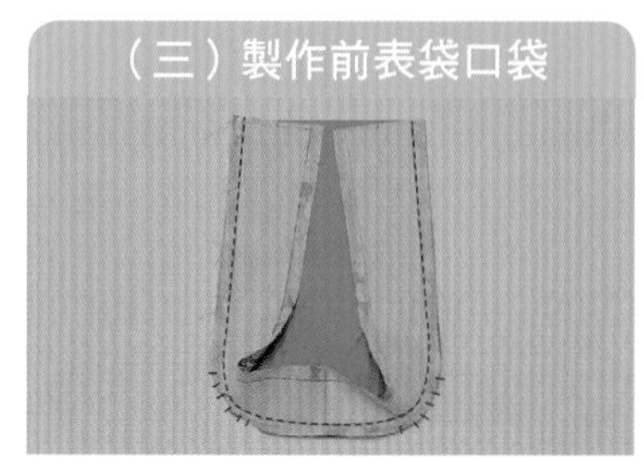

1 將口袋側身和口袋身的表布，正面相對車縫接合，側身袋底弧度處可先剪牙口。口袋裡袋身做法相同。

2 表、裡口袋身正面相對四周車縫一圈。

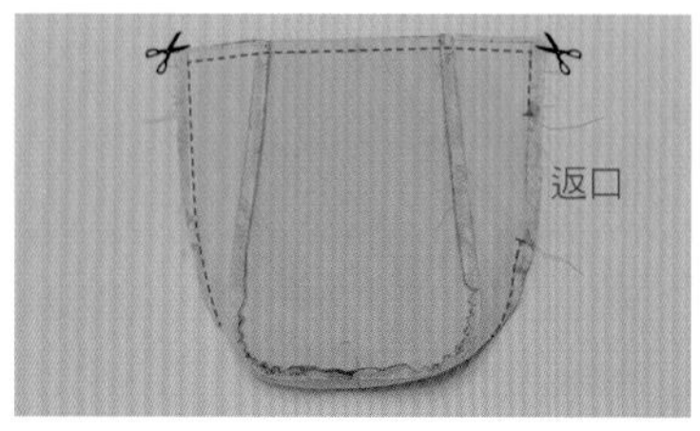

3 在一側留返口，兩側上部直角剪斜邊。

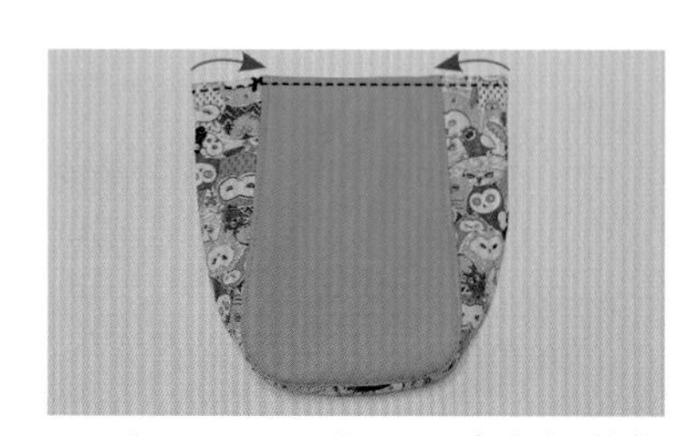

4 翻回正面，袋口沿邊車縫裝飾線。兩側袋身往中對褶。

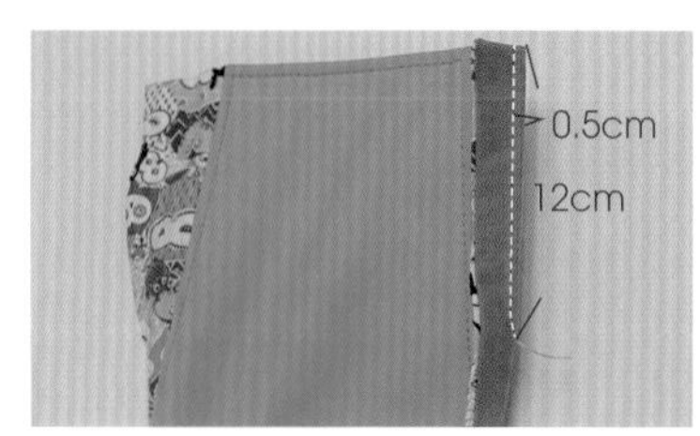

5 如圖（V字）車縫，末端留線頭，打2個單結。

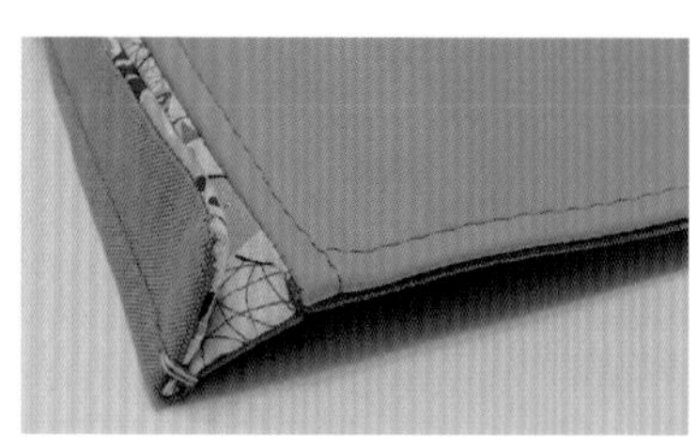

6 袋口正面的樣子。

7 依紙型標示位置安裝皮包釦和底座，完成前表袋口袋。

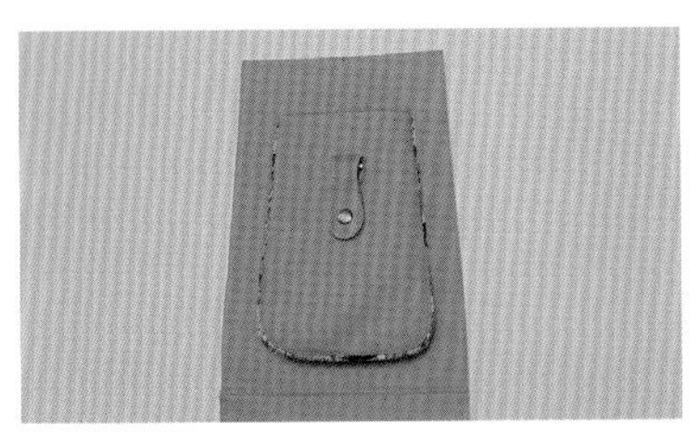

8 再將前表袋口袋車縫固定在前表袋身標示位置。

（四）製作袋蓋

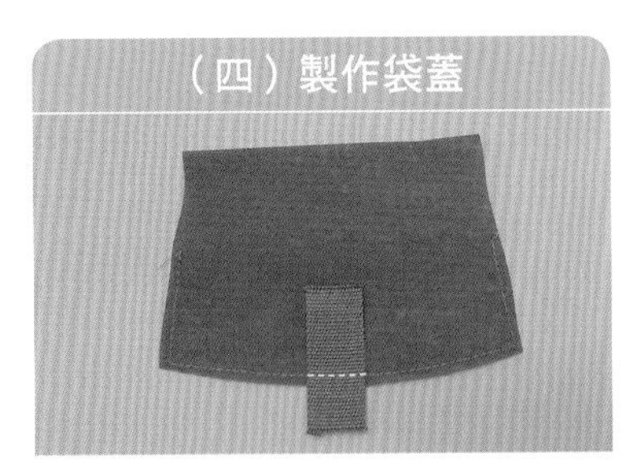

1 先將3.2cm寬8cm長織帶如圖置中疏縫在袋蓋裡布。

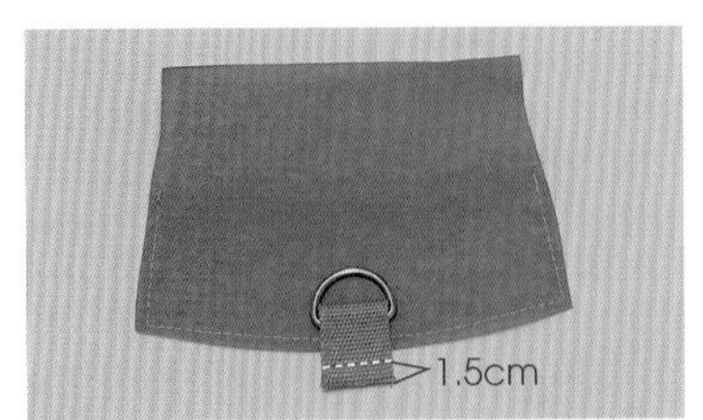

2 套上3.2cm D環後往下褶，疏縫固定。

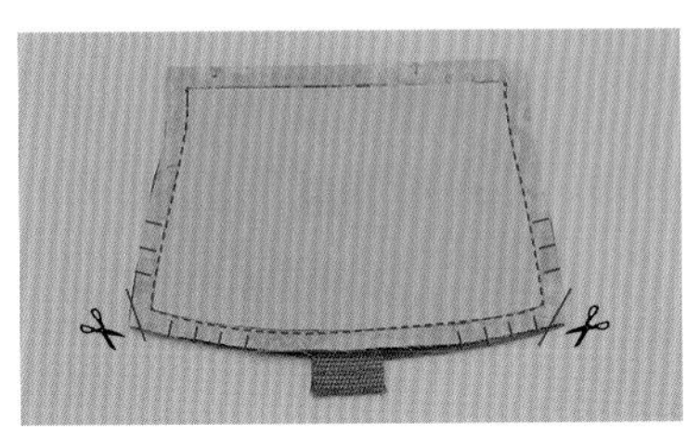

3 袋蓋表、裡布正面相對U字車縫，弧度處剪牙口。

4 翻回正面，U字沿邊壓線。完成袋蓋。

（五）製作烏瑪式單、雙肩組合背帶

1 準備需要的配件和材料：3.2cm織帶、100cm／2條、3.2cm問號鉤、日型環各二個。背帶絆布表／裡各1片、5V金屬拉鍊39cm1條、背帶布左／右各1片。

2 取5V金屬拉鍊39cm，兩端拔齒後為34.5cm，套上拉鍊頭，★前端安裝上止後約為35cm。

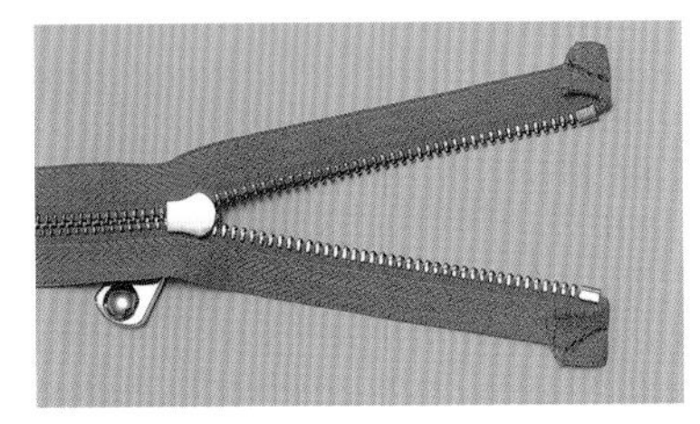

3 拉鍊頭的布往背面斜摺三角形疏縫固定。

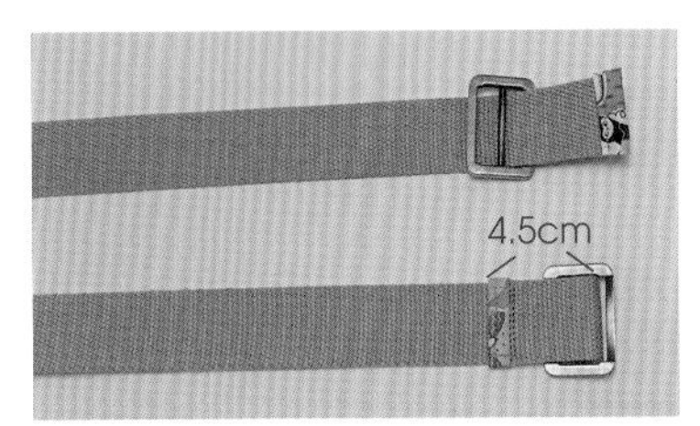

4 織帶末端先車縫裝飾布，背面向上從日型環底部向上套入反摺約4.5cm（上圖），回到正面口字車縫固定（下圖）。

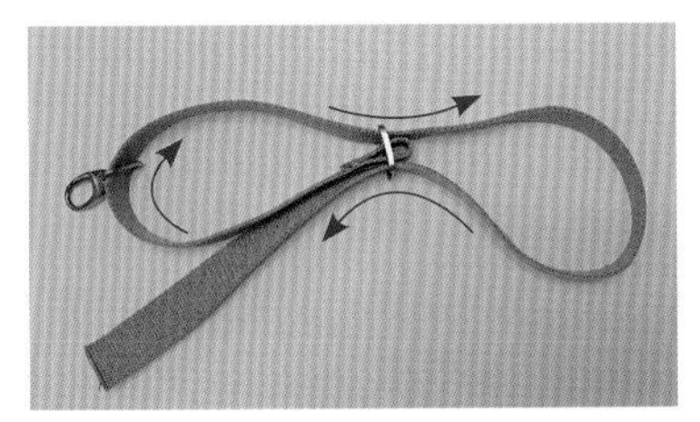

5 再將另一端如圖穿入問號鉤，再反摺套入日型環。

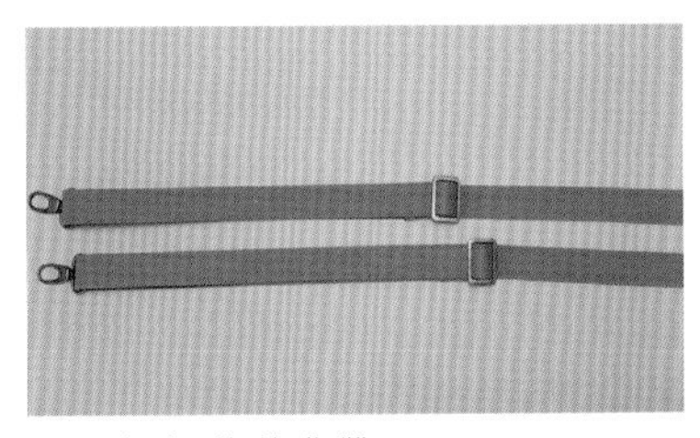

6 完成2條後背帶。

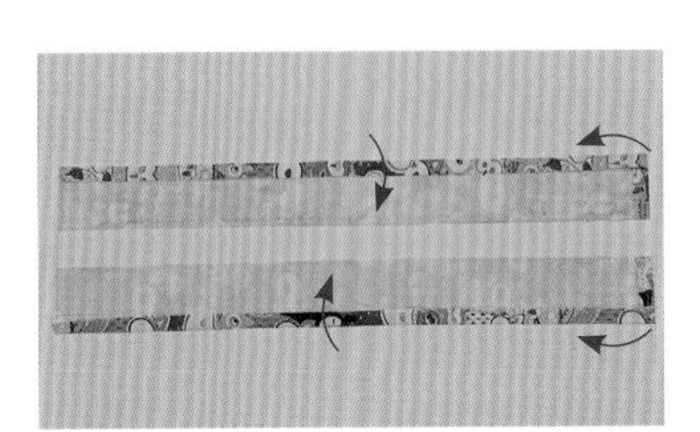

7 背帶布的外側和前端往背面燙褶1cm。

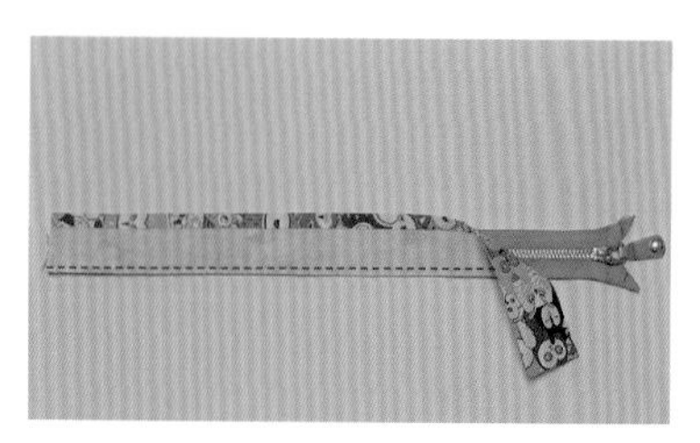

8 背帶布和拉鍊正面相對疏縫。

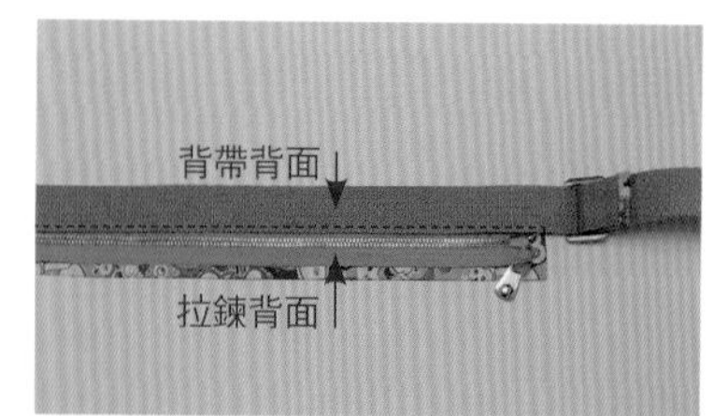

9 翻回背面，步驟（五）6後背帶的正面和拉鍊背面相對車縫（後背帶距離拉鍊齒約0.3cm）。

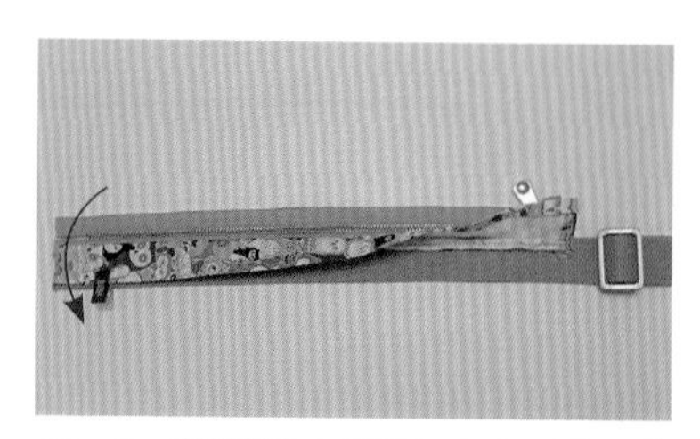

10 將背帶布翻回正面，長側邊對齊背帶。

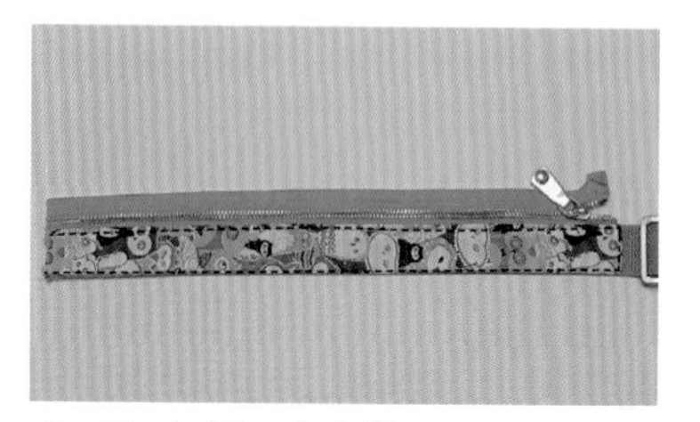

11 如圖ㄈ字車縫。

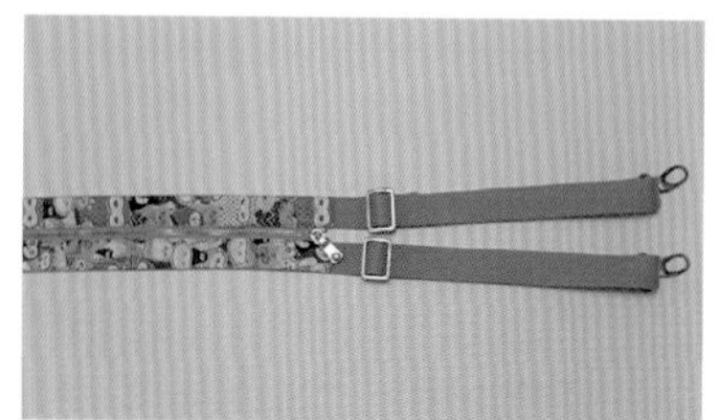

12 另一側做法相同，完成拉鍊背帶。

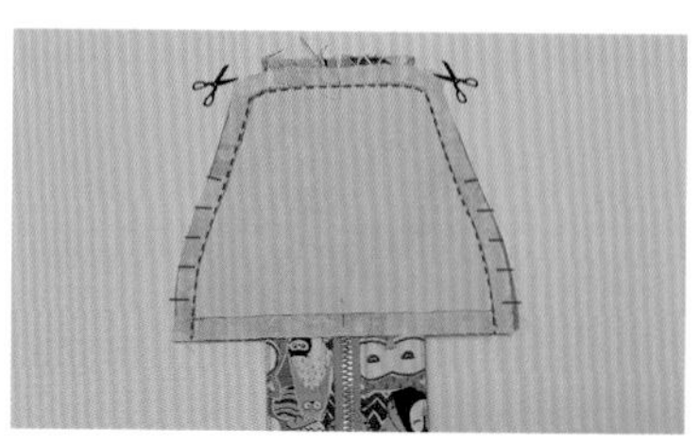

13 背帶絆布表、裡布正面相對夾車拉鍊背帶末端，弧度剪牙口。

14 翻回正面，沿邊U字車縫裝飾線。

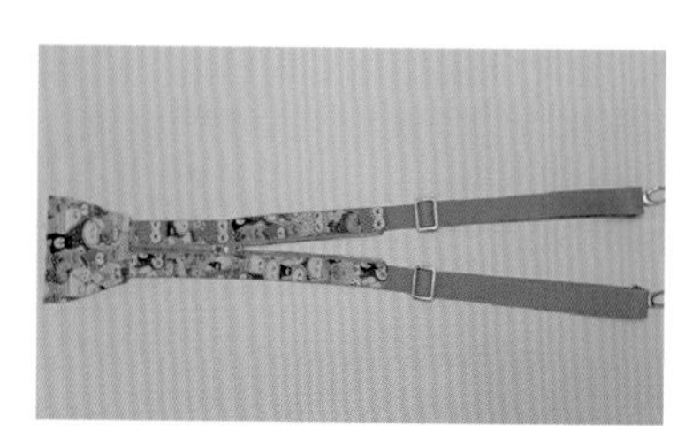

15 完成烏瑪式單、雙肩組合背帶。

（六）組合

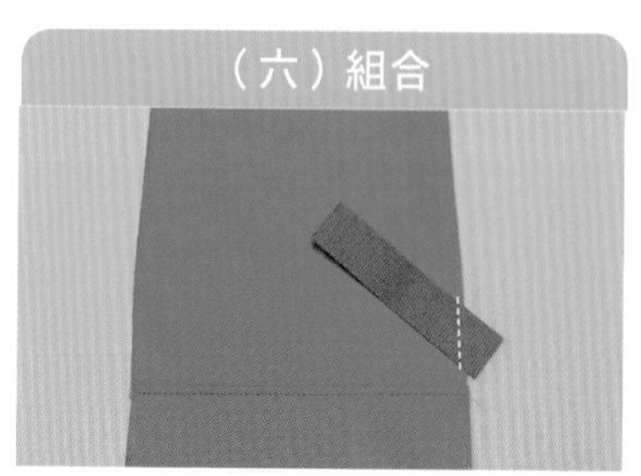

1 將下背帶織帶依紙型標示位置車縫固定在後表袋上。

2 套上3.2cm D環後往下褶，疏縫固定。

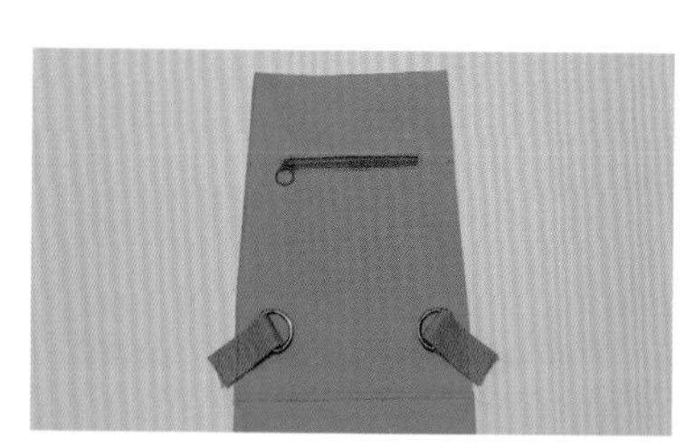

3 另一側做法相同。

4 步驟（五）15的組合背帶和後表袋正面相對，疏縫在紙型標示位置，背帶絆布固定布的下方往上燙褶1cm，固定布疊放在絆布上（正面朝下），沒有燙摺的一側對齊紙型標示位置車縫固定，背帶絆布固定布再往下摺約4cm，車縫固定。

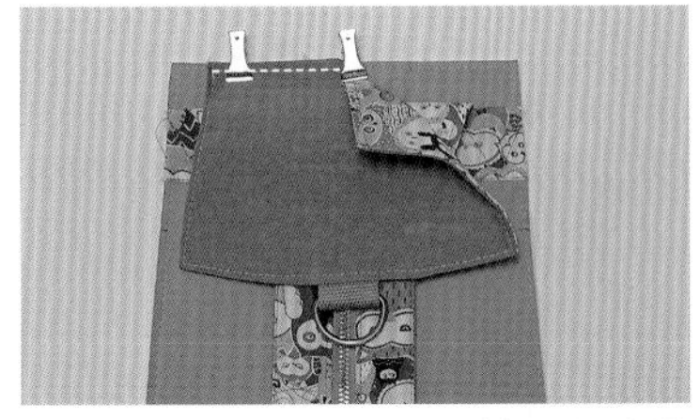

5 取步驟（四）4的袋蓋和後表袋上方正面相對疏縫。

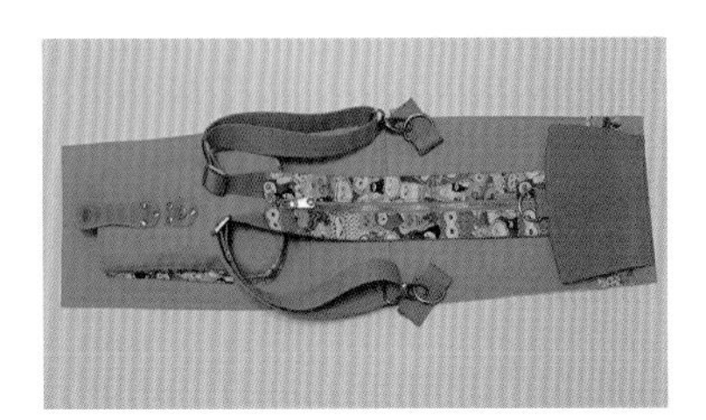

6 完成表袋組合。

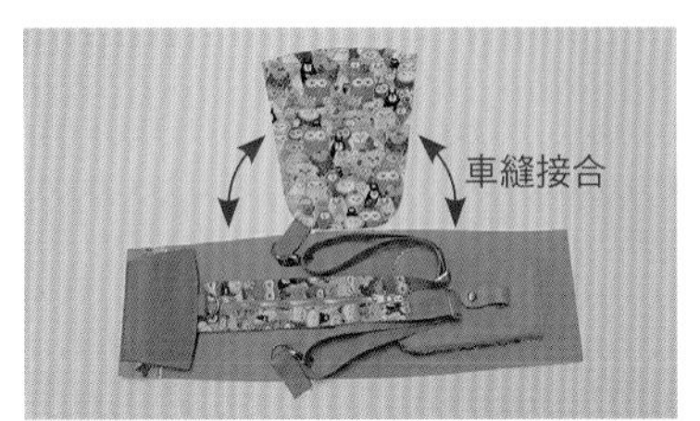

7 將表袋組合和表側袋身正面相對車縫接合。另一側作法相同。

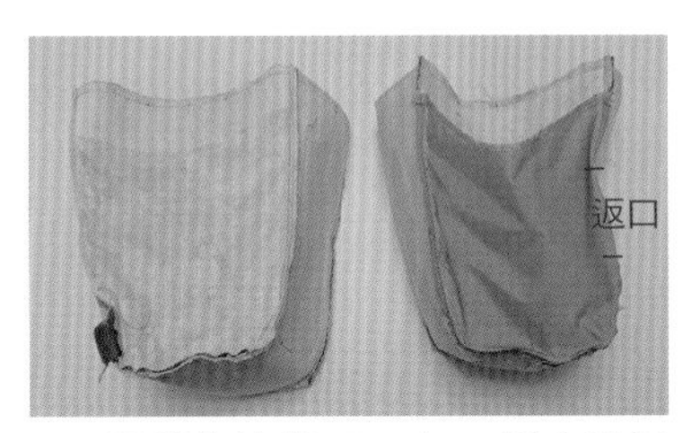

8 裡袋作法相同，在一側身留返口。

9 在表袋身內底部先手縫固定厚塑膠板。

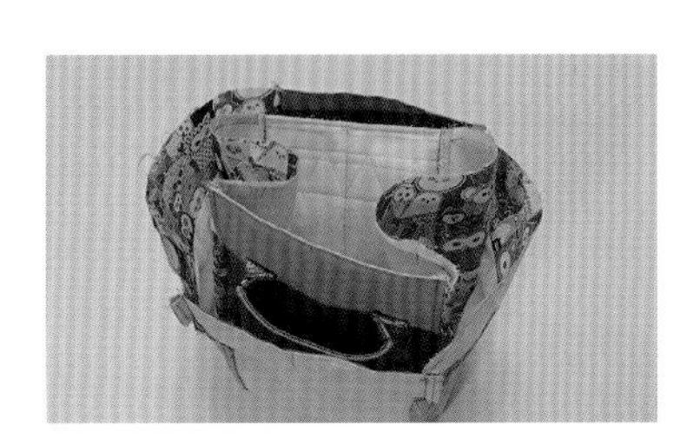

10 將表袋套入裡袋，正面相對。

11 袋口車縫一圈。

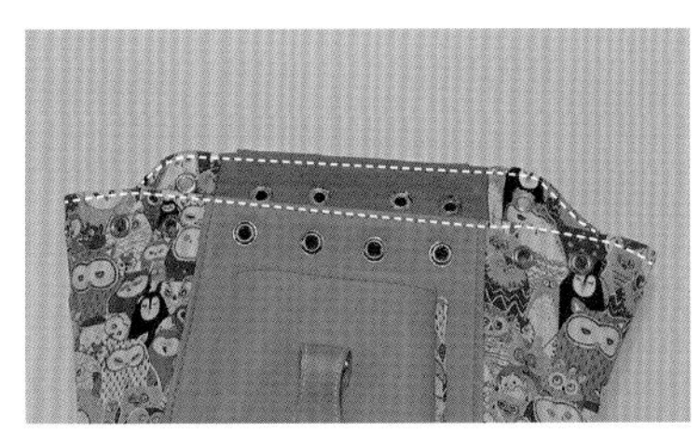

12 翻回正面，沿袋口0.5cm車縫裝飾線，再按照紙型標示位置安裝雞眼釦。

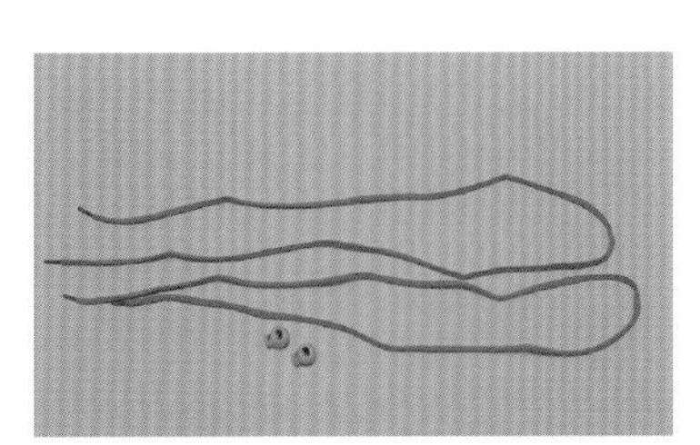

13 準備束口環和鞋帶。

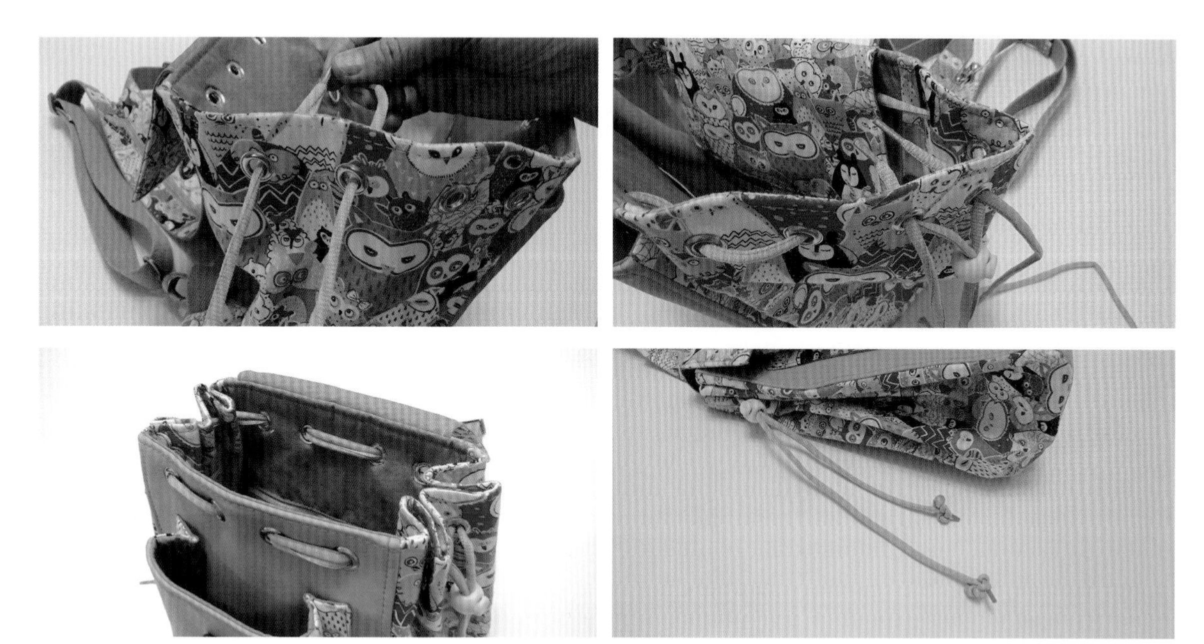

14 各自從側袋身中心兩側的雞眼釦穿入，末端可打單結收尾。

15 完成囉！

前口袋可輕鬆放入手機，
其立體的厚度即便再放入
行動電源也 OK。

背面隱密的一字拉鍊口袋，
護照等重要物品放在這裡
更安心。

繽紛時尚防盜兩用包

「一包兩背，才貌兼備的防盜後背包」
後開式拉鍊有巧思，貼合背部，保護物品不怕掉。
可拆式單雙肩設計背帶，自由變換怎麼背都好看。

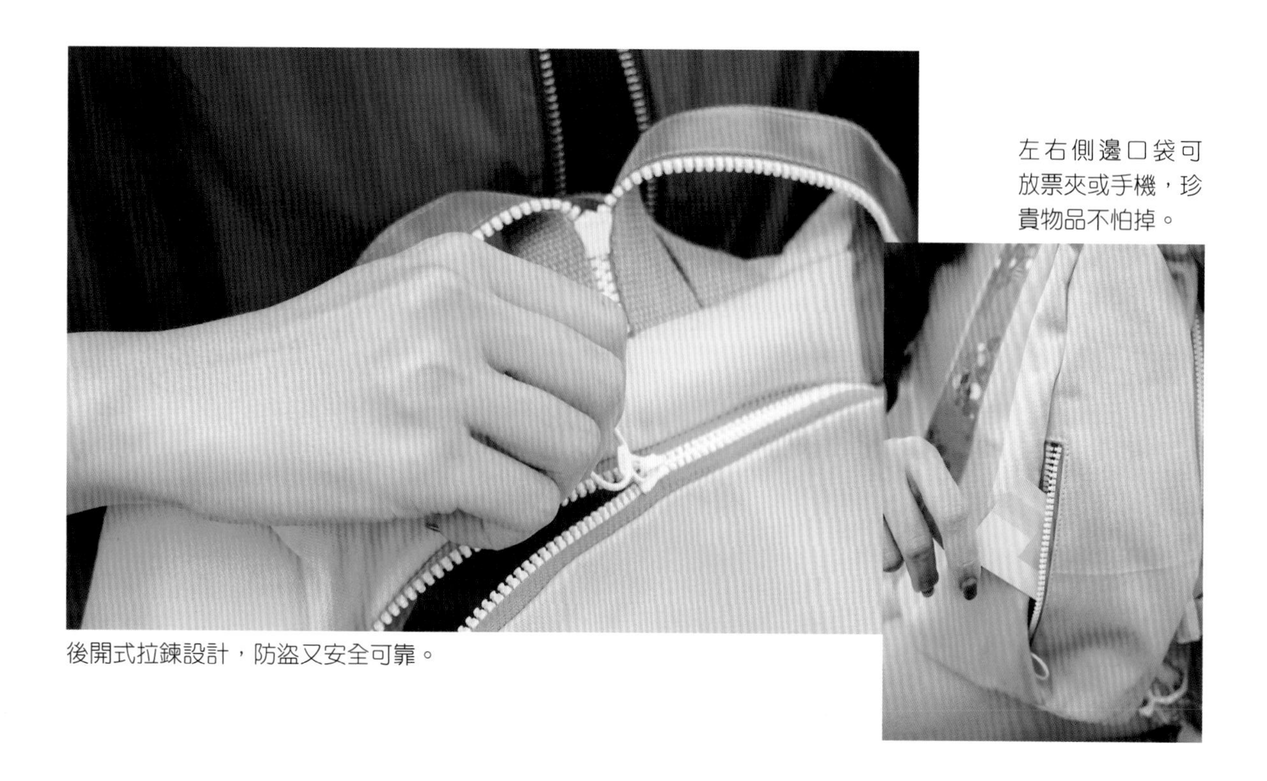

左右側邊口袋可放票夾或手機，珍貴物品不怕掉。

後開式拉鍊設計，防盜又安全可靠。

恰到好處的容量，通勤或遊玩都合適。

透過背帶上的拉鍊設計，可輕鬆變換雙肩背或單肩背。

設計：水貝兒縫紉手作

紙型：B面　尺寸：高37cm×寬37cm×底寬11cm

裁布表

※ 紙型與數字尺寸皆已含縫份 1cm。

部位名稱	尺寸	數量	備註
表袋身			
前袋身	紙型	1片	厚布襯（不含縫份）
側身	紙型	2片	厚布襯（不含縫份）
後口袋	紙型	1片	厚布襯（不含縫份）
後袋身	紙型	1片	厚布襯（不含縫份）
袋底	紙型	1片	厚布襯（不含縫份）
三角側絆	紙型	2片	
前袋身裝飾帶	7×42cm	1片	
拉鍊擋布	9×3cm	2片	
裡袋身			
前袋身	紙型	1片	
側身	紙型	2片	
後口袋	紙型	1片	
後袋身	紙型	1片	
袋底	紙型	1片	
內口袋	紙型	1片	
拉鍊擋布	9×3cm	2片	
側身口袋	13×23cm	4片	

配 件

· 5V 拉鍊長 20cm×2 條
· 5V 拉鍊長 50cm×1 條
· 5V 拉鍊長 67cm×1 條
· 織帶長 23cm×1 條
· 織帶長 6cm×2 條
· 織帶長 95cm×2 條
· 裝飾帶長 23cm×1 條
· 裝飾帶長 6cm×2 條
· 裝飾帶長 95cm×2 條
· 寬 2.5cm 問號鉤 ×2 個
· 寬 2.5cm 三角環 ×2 個
· 寬 4.5cm 滾邊條長 400cm×1 條

製作方法

（一）製作表袋身

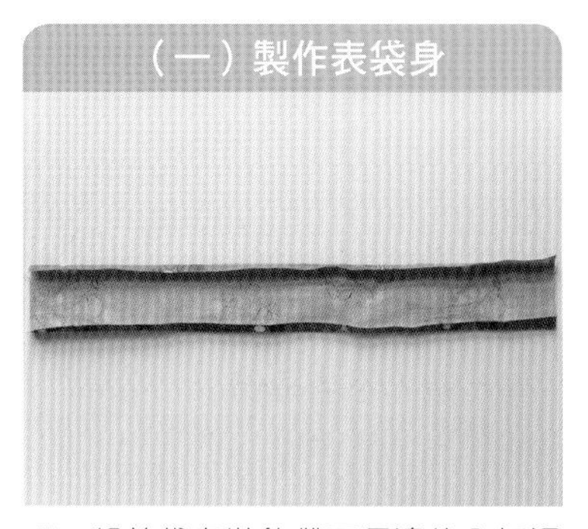

1 將前袋身裝飾帶兩長邊往內折燙1cm。

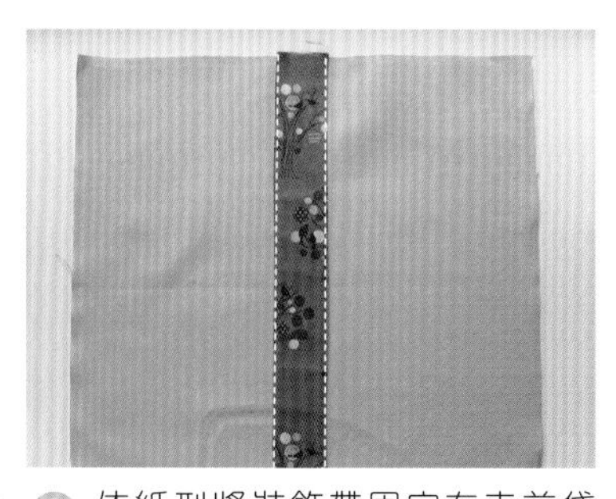

2 依紙型將裝飾帶固定在表前袋身，左右車0.2cm。

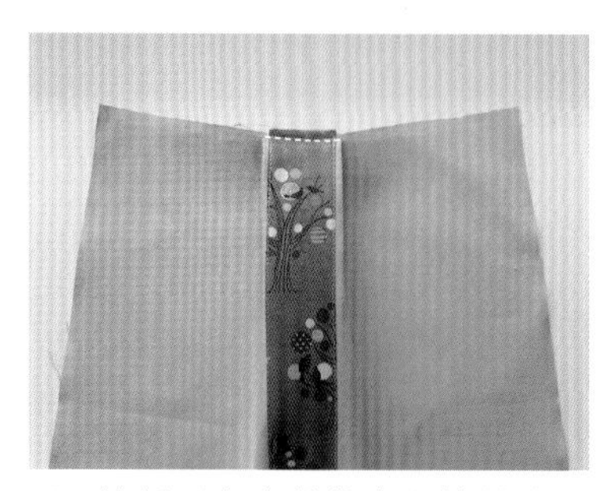

3 依紙型在表前袋身上端做出活褶，車縫固定。

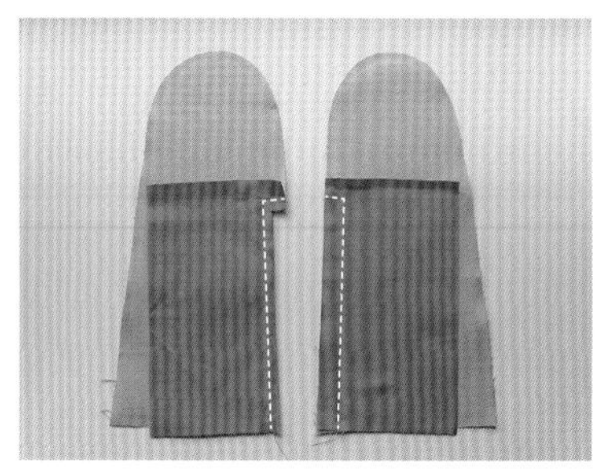

4 將表側身與側身口袋背面相對，依紙型記號點車縫兩側。

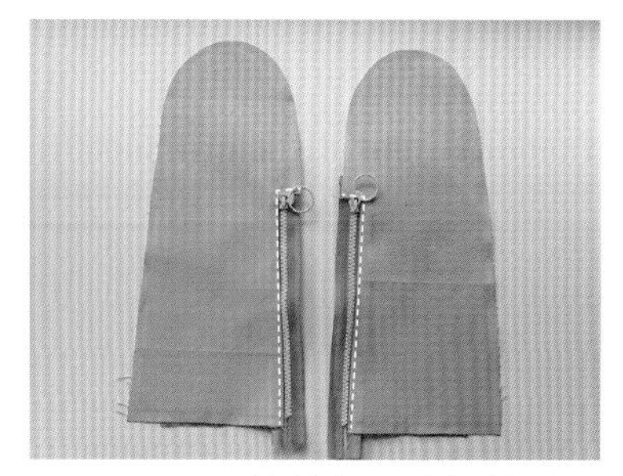

5 取20cm拉鍊如圖車縫於開口處，翻回正面壓線0.2cm。

6 取另一片側身口袋正面朝下，對齊車合。

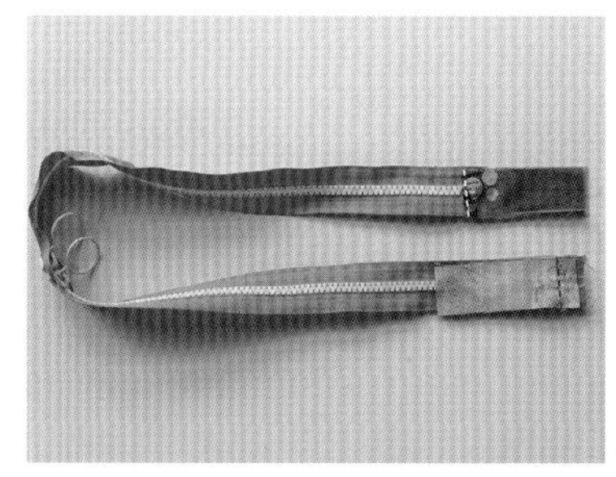

7 表裡拉鍊擋布正面相對，夾車67cm拉鍊頭尾兩端。

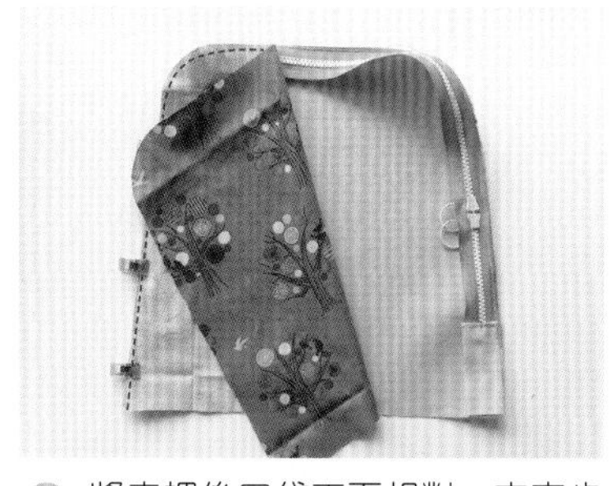

8 將表裡後口袋正面相對，夾車步驟7的拉鍊（拉鍊背面朝下）。

9 弧形處剪牙口，翻回正面整燙。

（二）製作裡袋身

1 依紙型在裡前袋身上端打褶，如圖將褶子倒向與表前袋身相反方向，車縫固定。

2 將內口袋布對折，在袋口壓線車1cm。

3 將內口袋與裡前袋身下端對齊，車縫U字型。可依個人需求車縫隔間。

（三）組合

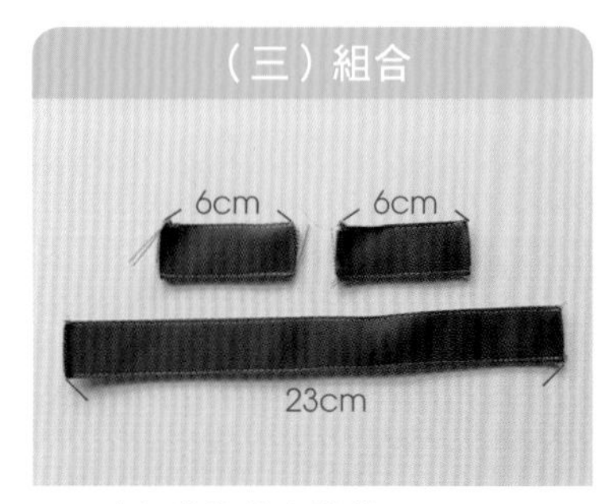

1 車縫裝飾帶在織帶上。

2 取95cm長織帶與裝飾帶夾車50cm拉鍊。

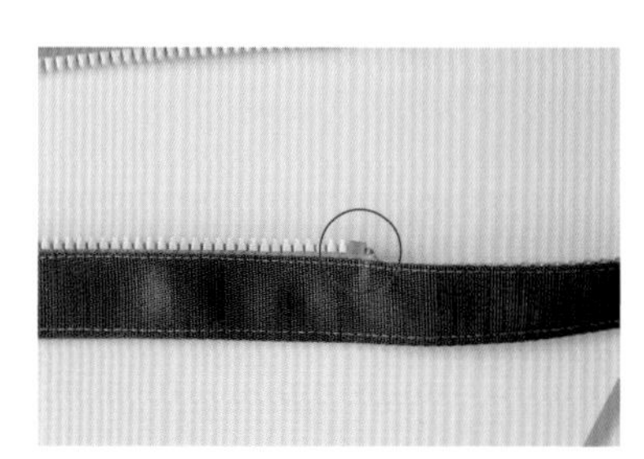

3 如圖拉鍊尾端要往內折收尾。

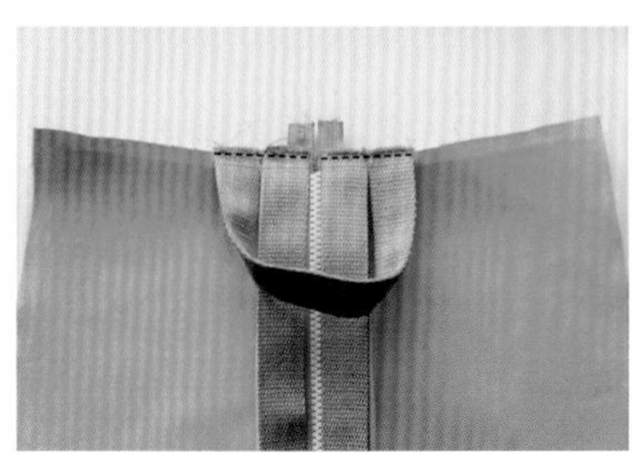

4 取23cm織帶與拉鍊織帶，如圖車縫於表前袋身上端中心處。

5 將表裡後袋身正面相對，夾車表裡前袋身。

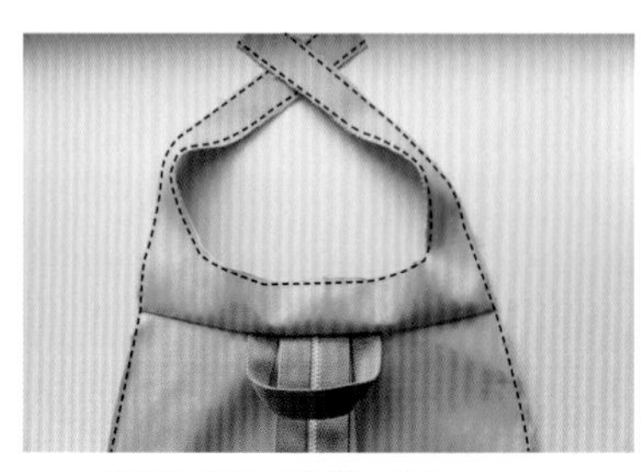

6 翻至正面，疏縫一圈。

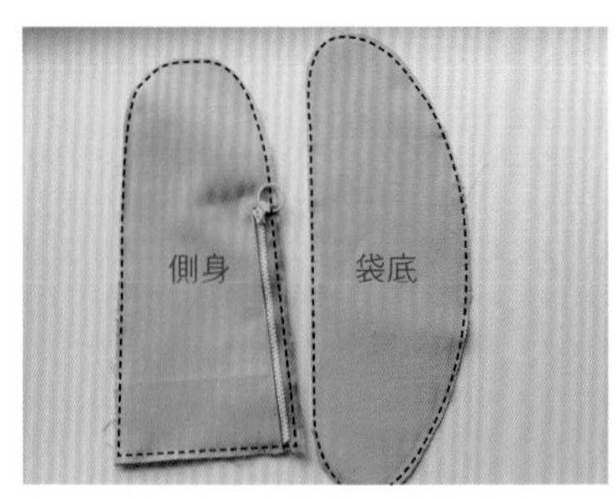

7 表裡側身正面相對，疏縫一圈。表裡袋底做法相同。

8 將後口袋與後袋身正面相對，中心點對齊，車縫固定。

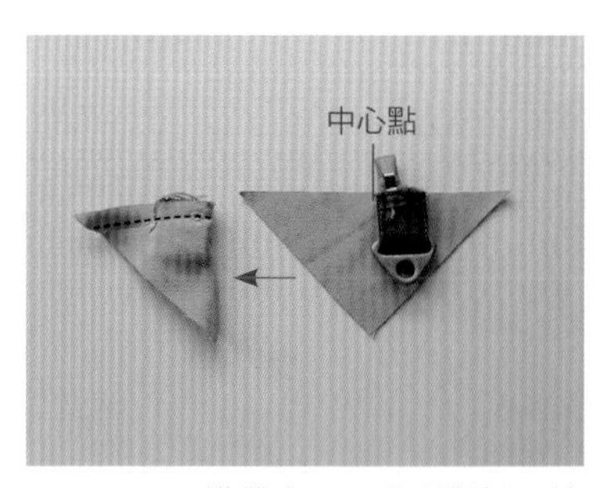

9 取6cm織帶穿入三角環對折，接著將織帶擺在三角側絆中心點右邊，對折三角側絆後車縫一道。

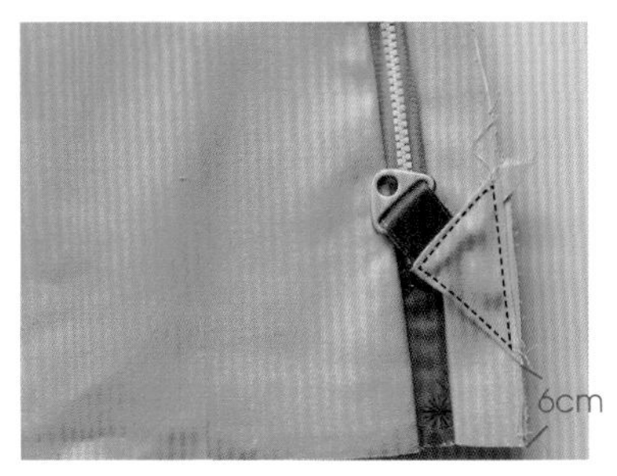

10 將三角側絆翻回正面，如圖車縫於後袋身。

11 側身與表袋身兩者正面相對，中心點對齊並車縫固定，另一側做法相同。

12 取滾邊條沿邊對齊步驟11接合處縫份，車合一圈。

13 接著將滾邊條對折，包夾住另一側縫份，沿邊車縫，完成滾邊。

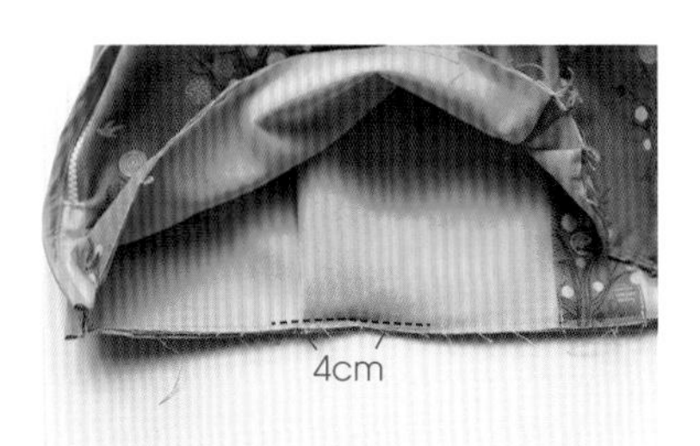

14 將表袋身底端左右兩側折入4cm，車縫0.5cm固定。

15 袋底正面朝下，與袋身接合。車好進行滾邊。

16 將織帶先套入日型環外側，再套入問號鉤，接著回頭穿入日型環內側，反折一段並車縫1cm固定，完成。

雙邊扣環設計，可左右隨意切換。

撞色帆布單雙肩背包

單肩、雙肩可隨意變更揹法，雙手自由、行動自在，
有了可拍照或與心愛之人牽手的餘裕，擁抱每一個當下無拘束的快樂。

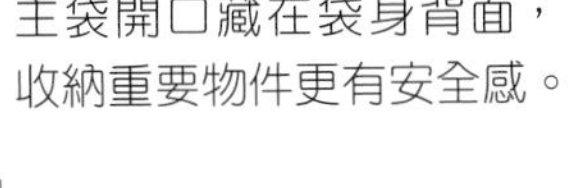

主袋開口藏在袋身背面，
收納重要物件更有安全感。

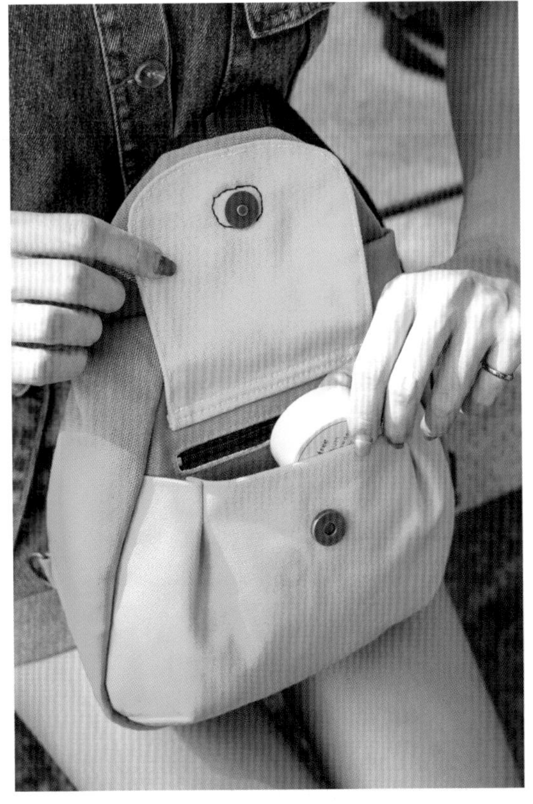

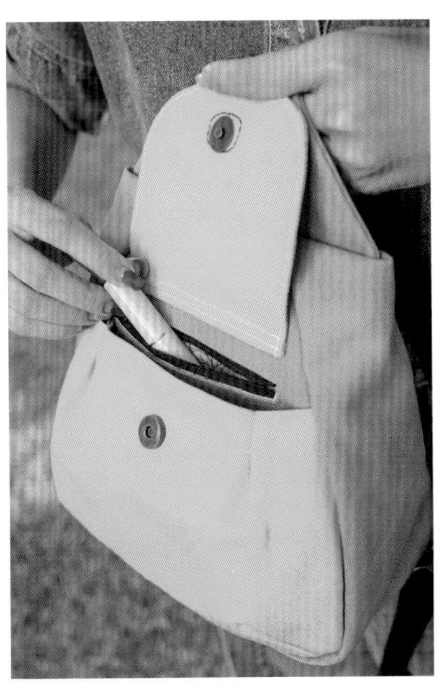

前掀蓋口袋內藏一字
拉鍊口袋，分類不同
物品，多一道防護。

設計：LuLu 彩繪拼布巴比倫

紙型：B面　　尺寸：寬22cm×高33cm×厚10.5cm

裁布表

※ 除特別指定外，縫份均為 1cm。紙型不含縫份。

部位名稱	尺寸	數量	備註
前口袋表布__帆布藍	依紙型	1片	
前口袋裡布__棉麻布	依紙型	1片	
前口袋袋蓋表／裡布__帆布藍	依紙型	各1片	表布上邊不留縫份
前表布__帆布綠	依紙型	1片	
一字拉鍊口袋布__棉麻布	16×37cm（含縫份）	1片	
前裡布__棉麻布	依紙型	1片	
前裡布大口袋__棉麻布	依紙型	共2片	
拉鍊頭檔布__帆布綠	粗裁 3.5×5cm	1片	
拉鍊尾檔布__帆布綠	1.5×5cm（含縫份）	1片	
後表布和後表布'__帆布綠	依紙型	各1片	
後裡布和後裡布'__棉麻布	依紙型	各1片	
D 環布__帆布綠	5×5cm（含縫份）	共2片	
表側身__帆布綠	依紙型	共2片	
裡側身__棉麻布	依紙型	共2片	
後背帶布__帆布黑	45×4cm（含縫份）	共2片	
上表布__帆布綠	依紙型	共2片	
內裡滾邊布__棉麻布	粗裁 25×4.5 或 5cm		

配 件

· 12cm 拉鍊 ×1 條
· 25cm 拉鍊 ×1 條
· 35cm 拉鍊 ×1 條
· 寬 2.5cmD 型環 ×2
· 寬 2.5cm 日型環 ×2
· 寬 2.5cm 問號鉤 ×2
· 插腳磁釦 ×1 組
· 裝飾皮片 ×1 片
· 寬 2.5cm 織帶共需約 180cm
· 寬 2.5cm 包邊人字帶或薄織帶約需長 180cm

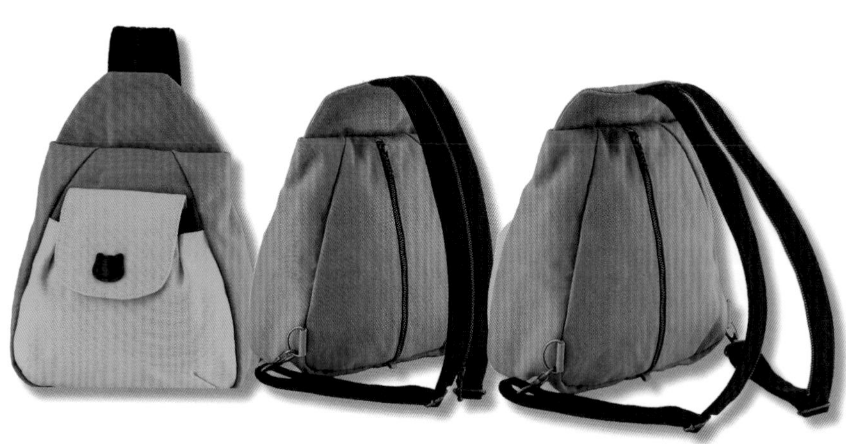

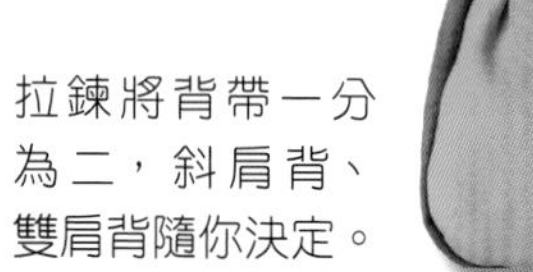

拉鍊將背帶一分為二，斜肩背、雙肩背隨你決定。

製作方法

（一）前口袋的製作

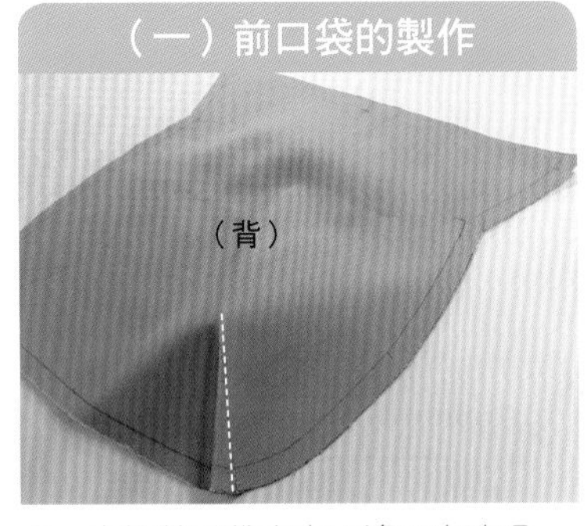

1 車縫前口袋表布下邊兩處夾角。

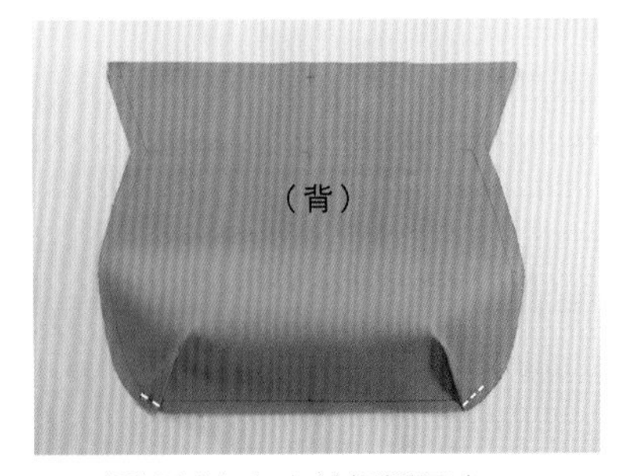

2 縫份倒向中央並粗縫固定。

3 車縫前口袋裡布下邊兩處夾角；縫份倒向外側並粗縫固定。

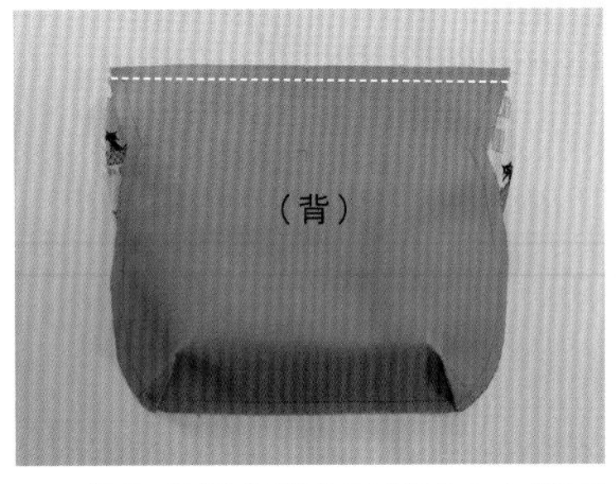

4 前口袋裡布與前口袋表布上邊正面相對縫合。

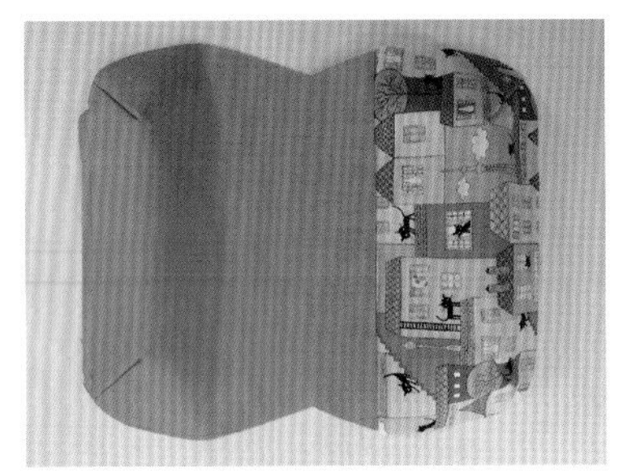

5 接縫成一整片如圖。

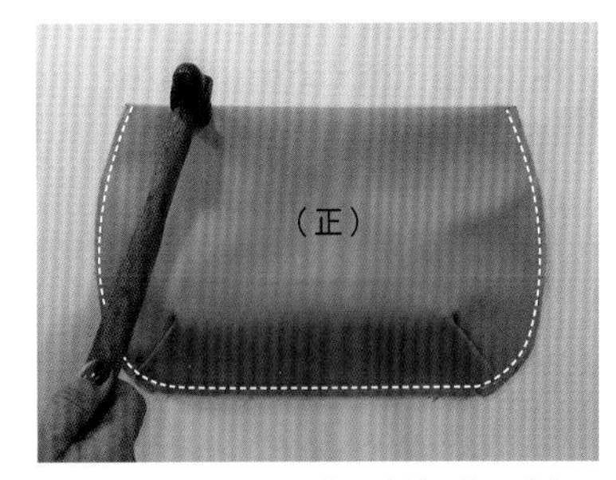

6 對折疏縫U形邊，對折處以槌子輕敲使折痕成形。

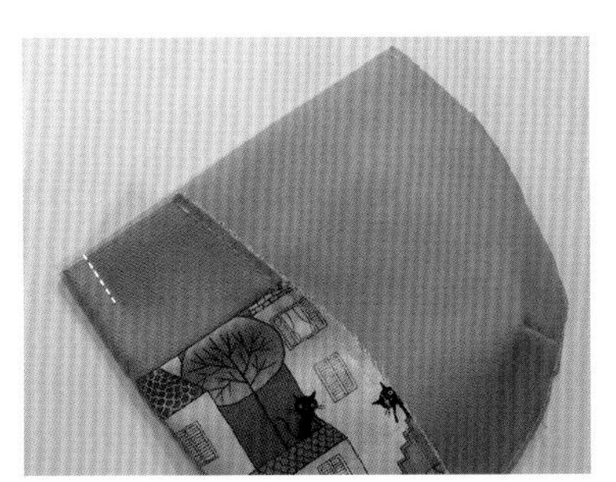

7 上邊依紙型標示車縫褶襉。

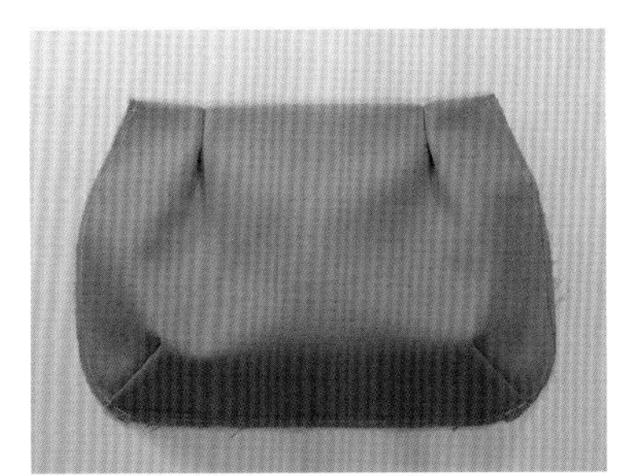

8 以上，完成前口袋的製作。

（二）前口袋袋蓋的製作

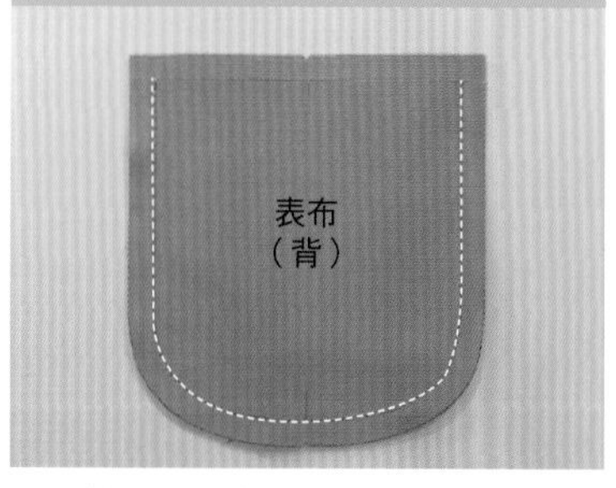

1 前口袋袋蓋表、裡布正面相對，U形邊對齊縫合。

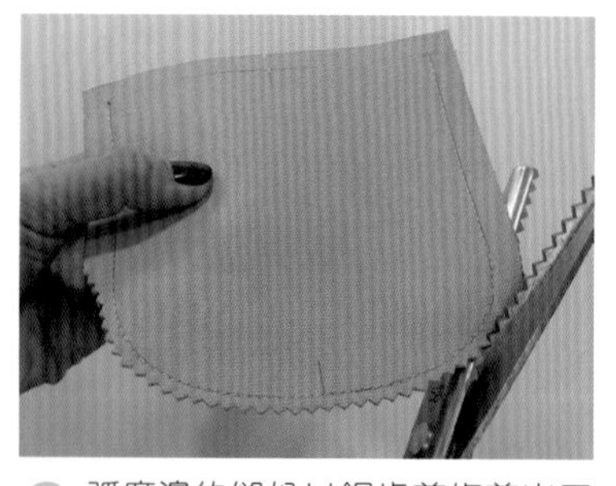

2 弧度邊的縫份以鋸齒剪修剪出牙口。

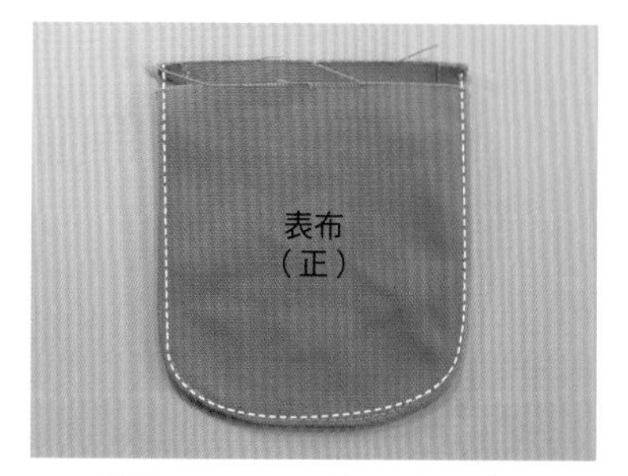

3 翻回正面，U形邊壓車臨邊線。

（三）前表布的製作

1 先製作一字拉鍊口袋。在口袋布上邊入2cm中央位置畫一12.5×1cm的矩形框→車縫矩形框固定於前表布指定位置→矩形框內剪一雙Y開口。

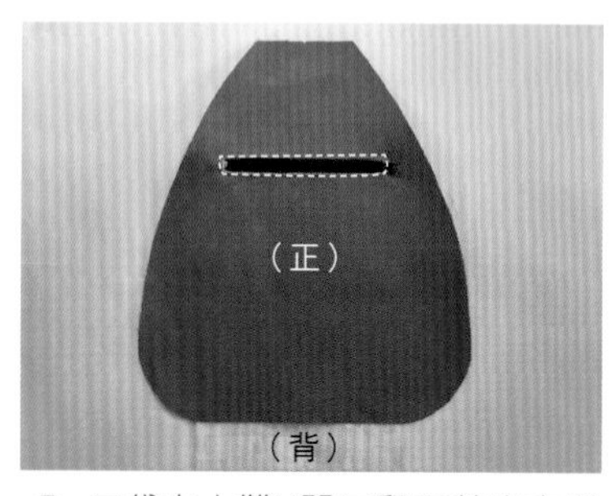

2 口袋布由雙Y開口翻至前表布背面→車縫固定長12cm拉鍊。

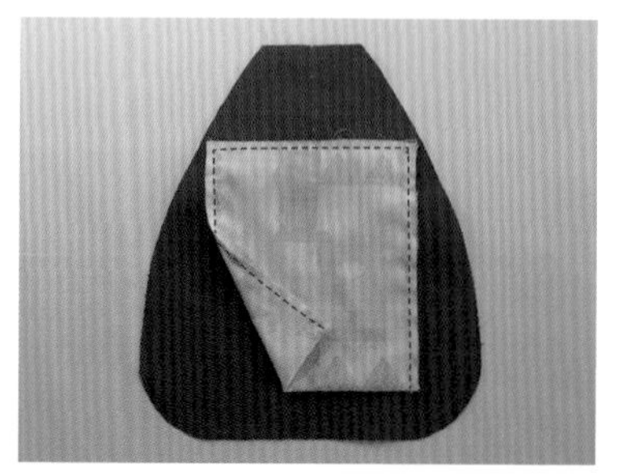

3 口袋布往上對折，車縫ㄇ形邊。至此，完成一字拉鍊口袋。

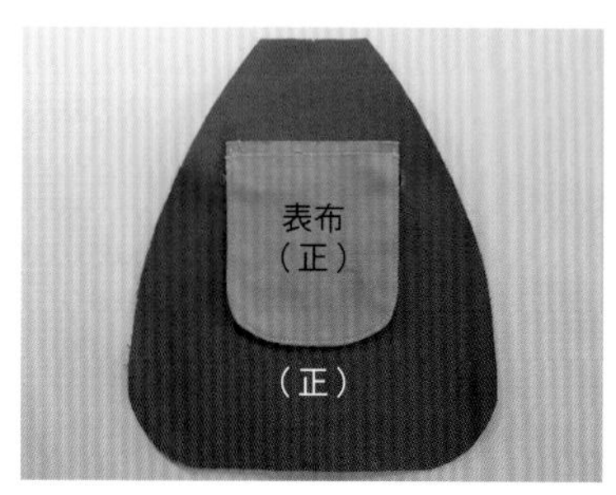

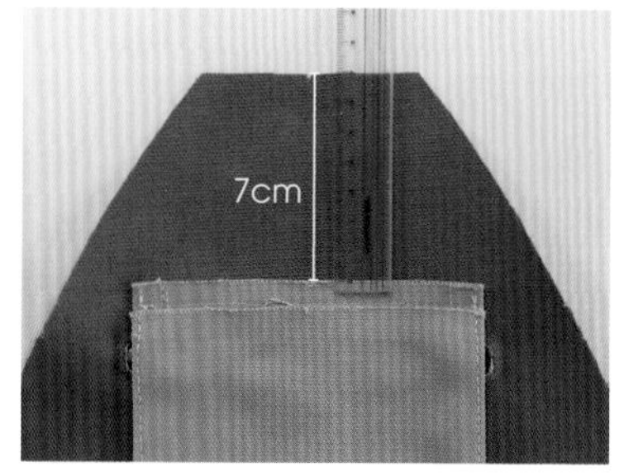

4 車縫固定步驟（二）的袋蓋於前表布適當位置。

5 袋蓋往上翻，車縫二道直線。

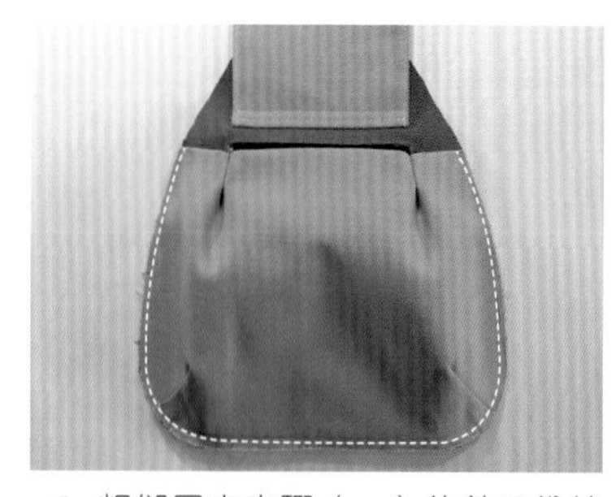

6 粗縫固定步驟（一）的前口袋於前表布U形邊。以上，完成前表布的製作。

（四）前裡布的製作

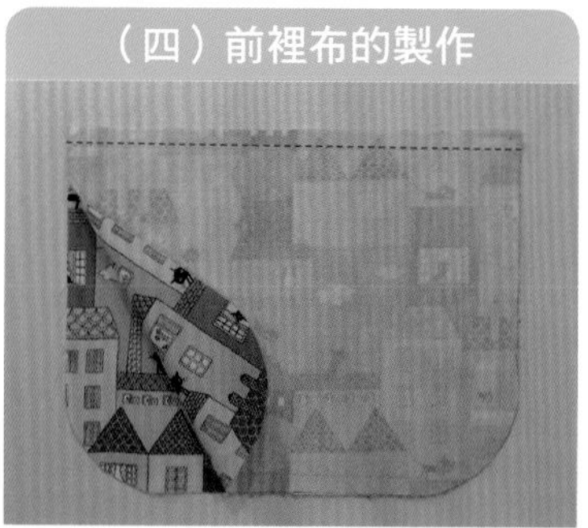

1 先製作前裡布大口袋。二片大口袋布正面相對，上邊縫合。

2 翻回正面，上邊壓車一道直線。此作做大口袋。

3 前裡布上可依個人喜好縫製小口袋。

4 將大口袋粗縫固定於前裡布U形邊。

（五）本體前片的製作

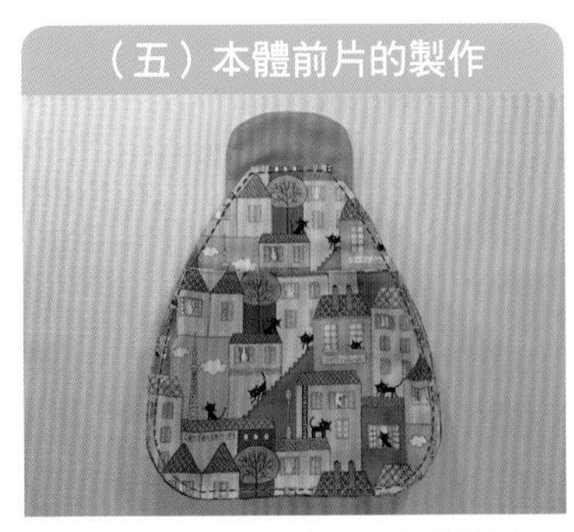

1 前裡布和前表布反面相對對齊，周圍粗縫固定。

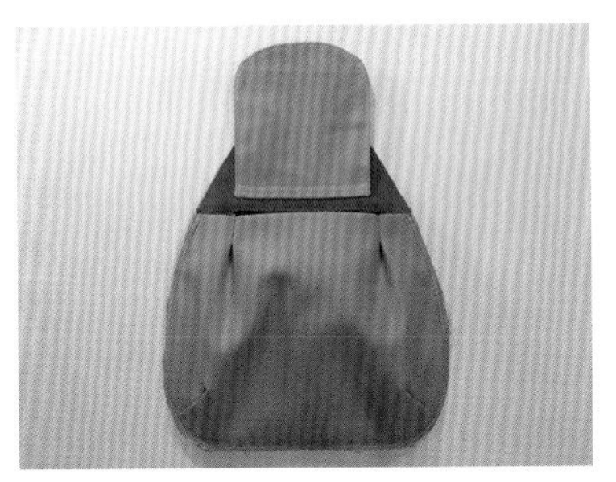

2 本體前片製作完成，如圖。

（六）本體後片的製作

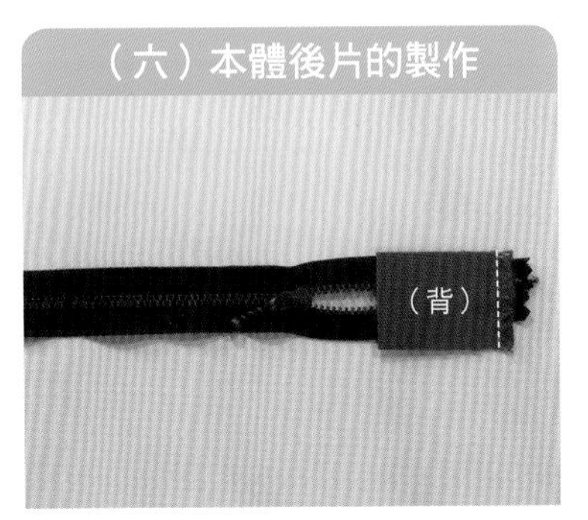

1 取長25cm拉鍊，於拉鍊頭端車縫襠布。

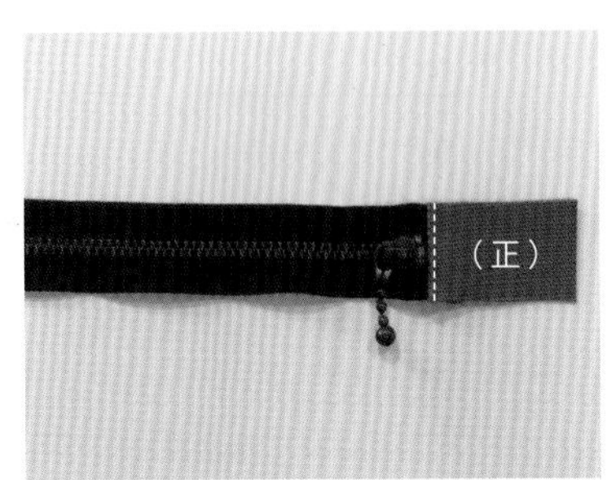

2 襠布翻回正面，壓車一道直線。

3 後表布和後裡布夾車拉鍊右邊。

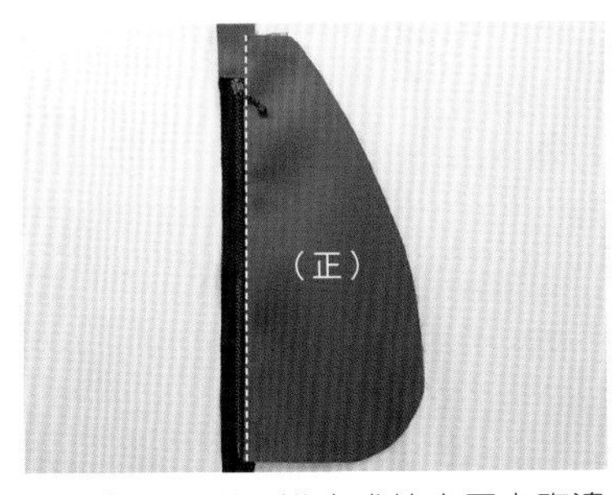

4 翻回正面，沿完成線旁壓車臨邊線。

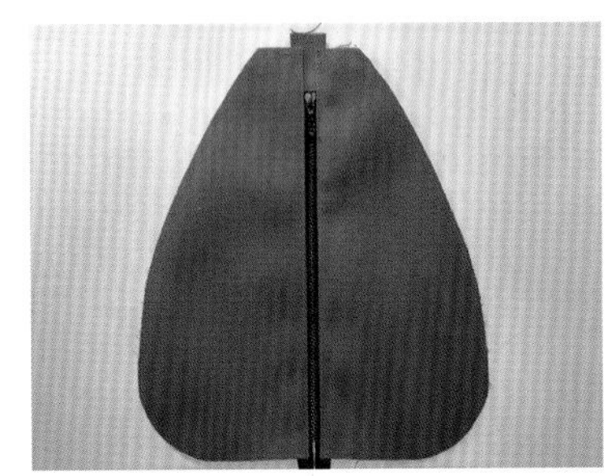

5 同法，後表布’和後裡布’夾車拉鍊左邊並壓車。

6 然後，製作拉鍊尾襠布。拉鍊尾襠布兩側往中線折入，壓車臨邊線固定。

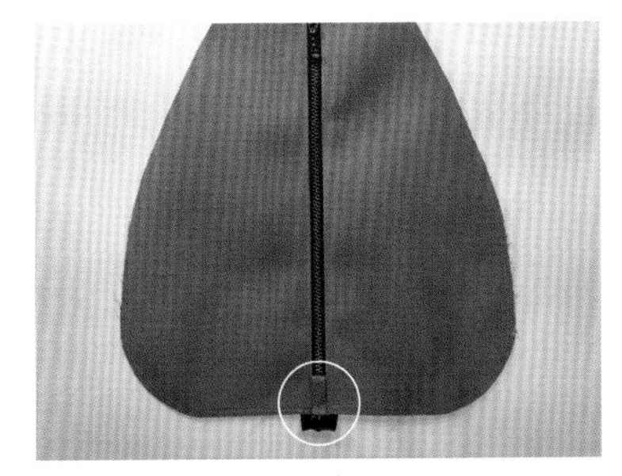

7 對折，粗縫固定於拉鍊尾端（與後表布下緣齊）。

8 接下來製作D環布。D環布兩側往中線折入，可先以骨筆壓出折痕，再壓車四道直線，如圖，共需完成二片D環布。

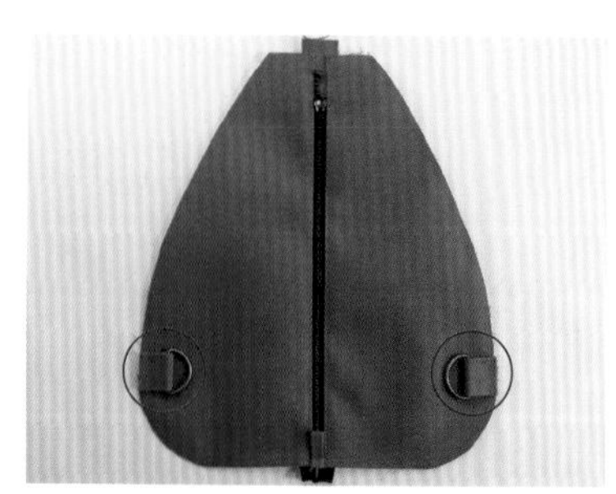

9 將D環布穿入D環並對折，粗縫固定於紙型標示位置。以上，完成本體後片的製作。

（七）表／裡側身的製作

1 接縫二片表側身，如圖。

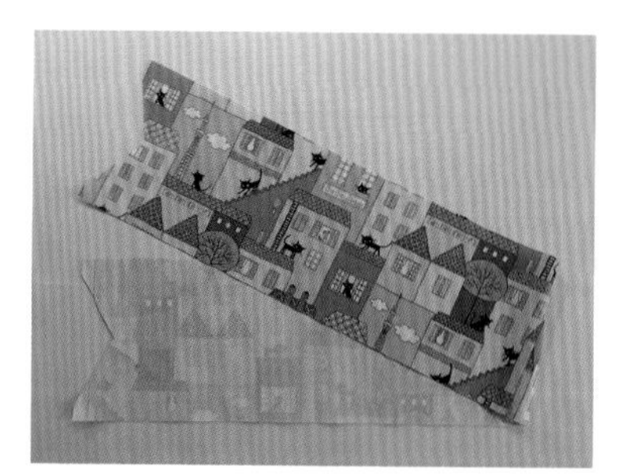

2 同法，接縫二片裡側身成一整片。

3 縫份先攤開，然後，表裡側身反面相對對齊，周圍粗縫固定，接縫線兩旁分別壓車一道直線固定。

（八）後背帶的製作

1 取長35cm拉鍊，拉鍊頭端布如圖反折，以強力膠黏貼固定或以雙面膠帶暫時固定。

2 取一條後背帶布，一端縫份折入1cm。

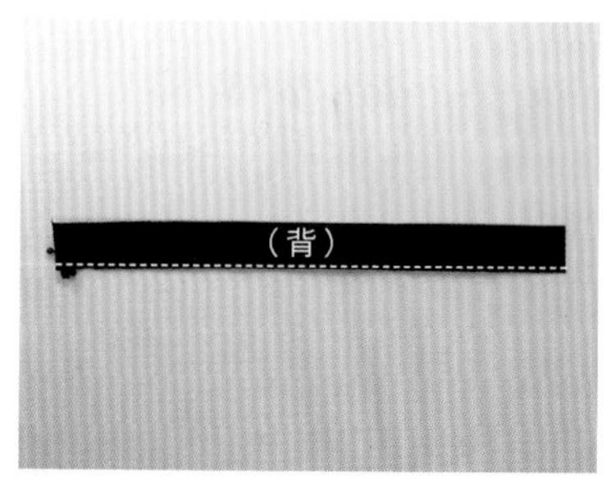

3 將後背帶布車縫於拉鍊下邊（呈正面相對狀態，後背帶布折入端和拉鍊頭端齊，車縫縫份約0.7cm）。

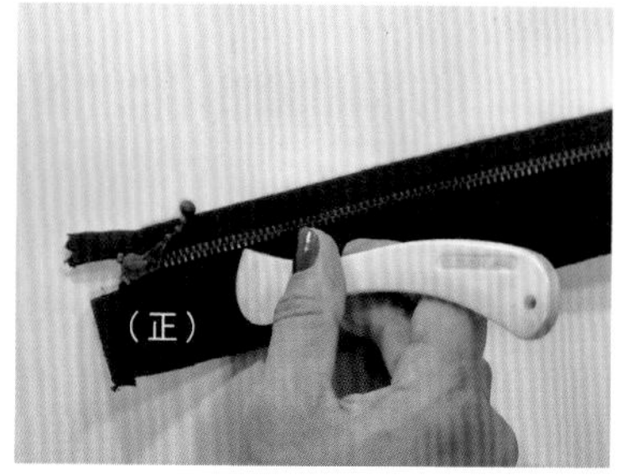

4 後背帶布往下翻回正面，以骨筆壓整。

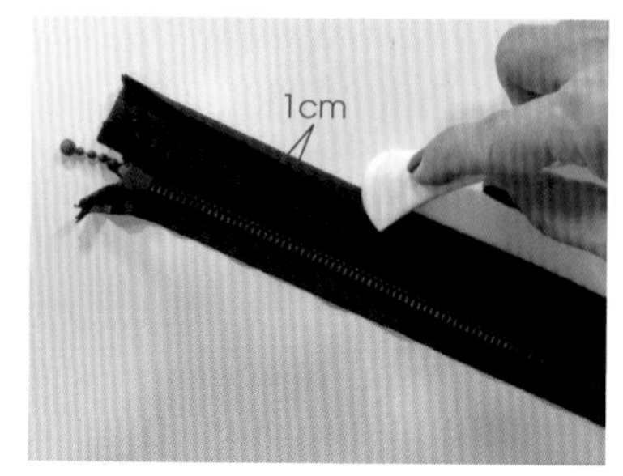

5 又翻到背面，將後背帶布另一長邊縫份折入1cm並以骨筆壓整折痕。

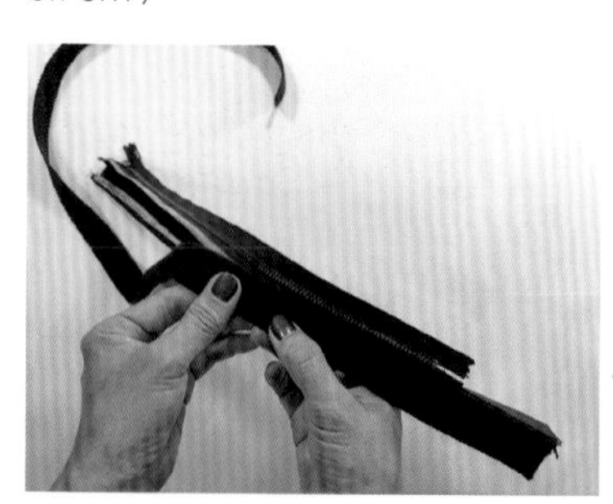

6 取寬2.5cm長約90cm織帶，以雙面膠帶黏貼於後背帶布背面。織帶一端對齊後背帶布一端，織帶上邊對齊後背帶布上邊，如圖。

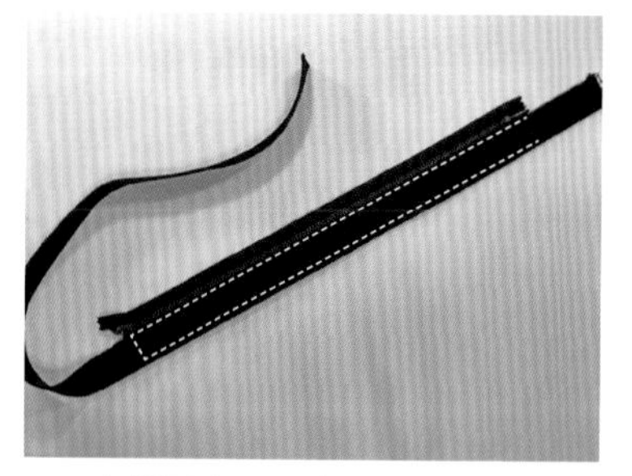

7 車縫固定ㄈ形邊。

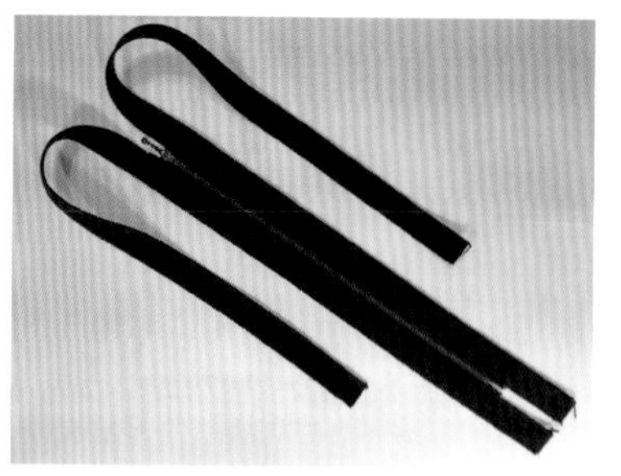

8 同法，車縫拉鍊另一邊與另一組後背帶布和織帶。

9 織帶端穿入日型環→穿入問號鈎→穿回日型環→折二折車縫二道線固定。

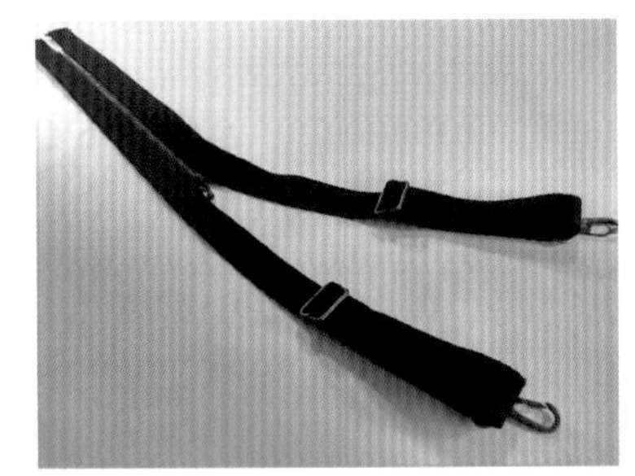

10 完成後背帶如圖。

（九）後背帶

1 二片上表布正面相對夾車後背帶，弧度邊的縫份以鋸齒剪修剪牙口。

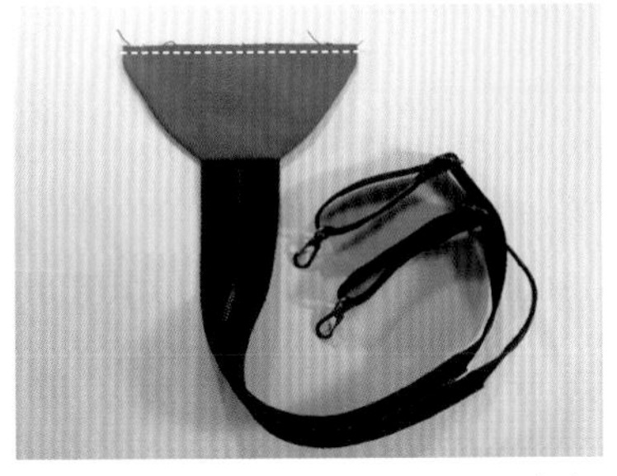

2 上表布往上翻回正面，開口粗縫固定，另三邊以槌子輕敲或以骨筆整形。

（十）上表布的組合

1 步驟（七）和本體前片U形邊正面相對縫合。

2 步驟（七）另一邊和本體後片U形邊正面相對縫合。

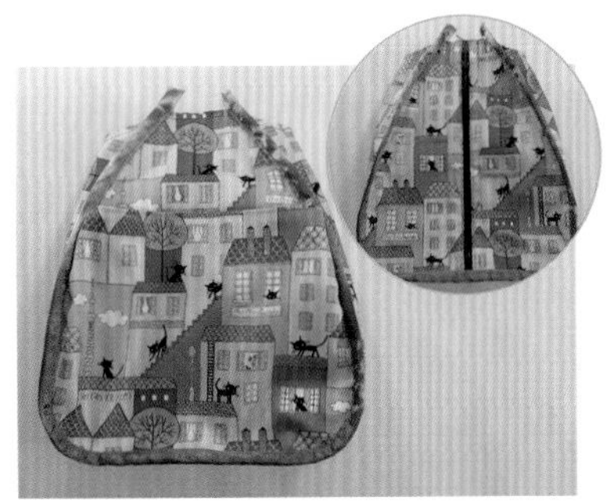

3 縫份以人字帶或薄織帶包邊。

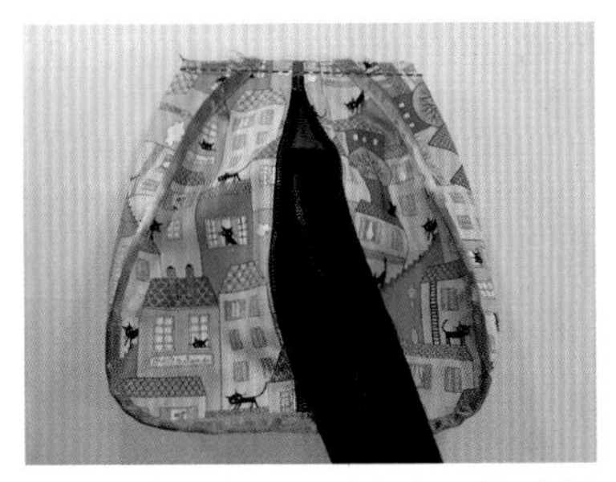

4 上邊夾車步驟（九），注意置中。

5 此處的局部縫份較厚，車縫包邊也可以改為手縫滾邊來完成。

6 上邊縫份滾邊完成。由打開的本體拉鍊將全體翻回正面。

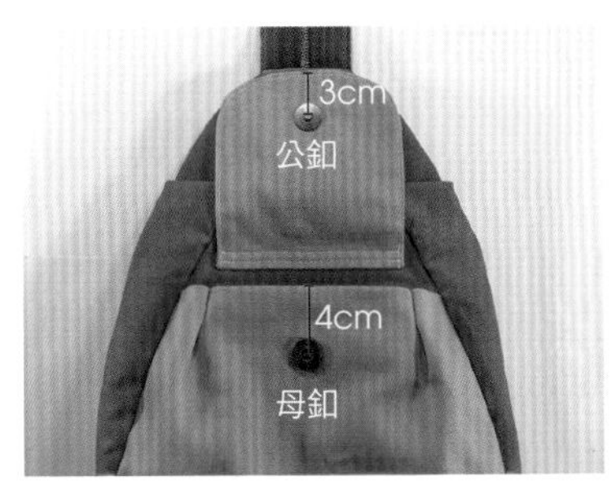

7 前口袋和袋蓋裝置磁釦。

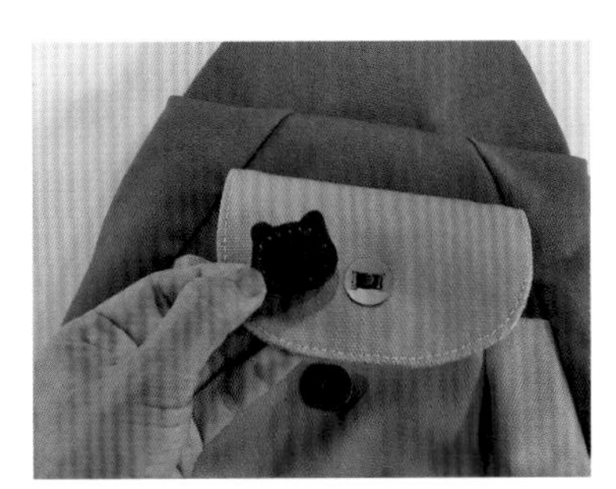

8 袋蓋的磁釦插腳面上，縫上一枚皮片作為遮蔽和裝飾。完成╰(*´︶`*)╯

輕巧提背2way防盜包

背心式的雙肩設計好揹又好看，前後口袋各自獨立，
藉助一字拉鍊及插扣雙重防盜，通勤旅行都舒適安心。

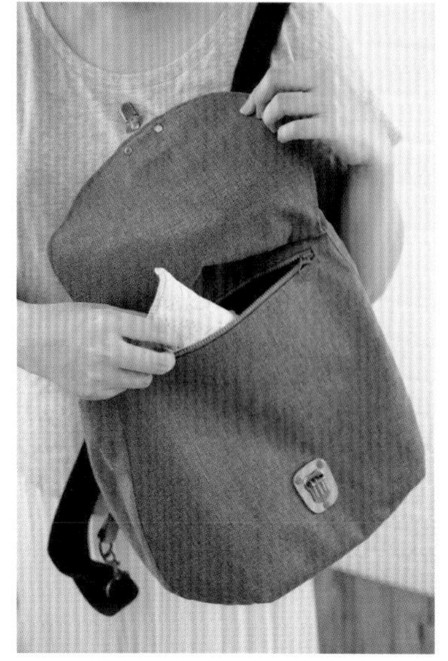

插扣袋蓋加上一字拉鍊袋口，
雙重防護後揹也安心。

背面的拉鍊口袋採弧型設計，
創造更大的開口更好收納。

設計：鈕釦樹 Button Tree

紙型：B面　　尺寸：寬32cm×高45cm×厚21cm

裁布表

※ 紙型或尺寸均已含 0.7cm 縫份。

部位名稱	尺寸	數量	備註
表布 - 肯尼布			
F1 袋蓋	依紙型	2 片	
F2 前袋身	依紙型	1 片	
F3 後（上）袋身	依紙型	1 片	
F4 後（下）袋身	依紙型	1 片	
F5 側袋身	依紙型	2 片	
F6 袋底	29.5×16cm	1 片	
F7 背帶側絆帶	依紙型	4 片	
F8 拉鍊擋布	2.5×6cm	2 片	
裡布 - 尼龍布			
B1 前袋身	依紙型	1 片	
B2 後（上）袋身	依紙型	1 片	
B3 後（下）袋身	依紙型	1 片	
B4 側袋身	依紙型	2 片	
B5 袋底	29.5×16cm	1 片	
B6 拉鍊口袋布	21×40cm 23×50cm	1 片 1 片	
B7 內口袋布	30×40cm	1 片	
B8 水壺固定布	15×21cm	1 片	
B9 包邊布	4×110cm	1 片	
B10 拉鍊擋布	2.5×6cm	2 片	

用布量：

表布－肯尼布 1 碼　裡布－尼龍布 1 碼

配 件

· 塑鋼拉鍊 18cm、20cm、30cm 各 1 條
· 3.2cm 織帶 6 尺
· 3.2cm 日型環 2 入、3.2cm 問號鉤 2 入
· 皮革插扣 1 副、D 環皮扣 1 對、方型皮扣絆 1 對
· 皮革短提把 1 條

製作方法

（一）製作袋蓋

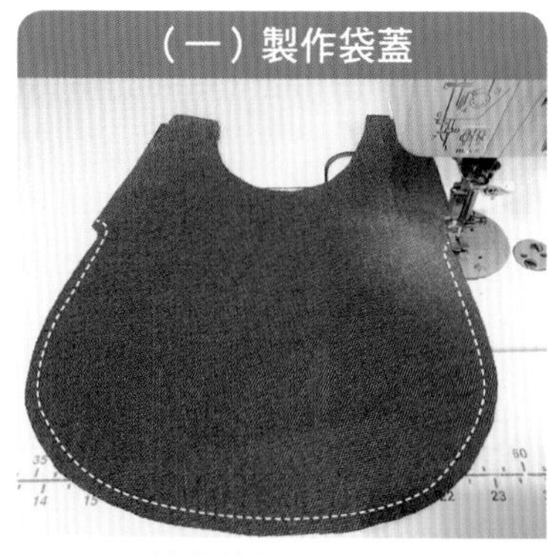

1 取二片袋蓋布正面相對，車縫下方弧線。

2 在弧形車縫線外修剪牙口。

3 將袋蓋翻回正面，距離布邊約0.2cm處車縫一道裝飾線。

4 在袋蓋中央往上約1cm處，釘上皮插扣。

（二）製作前袋身

1 取前袋身表布將夾角處的兩邊以珠針對齊固定，車縫夾角。

2 同法，車縫另一側夾角，此外，裡布兩夾角的車縫方式亦同。

3 將拉鍊口袋布23×50cm放置在前袋身上方（如圖示），畫出一個20×1cm的長方形。

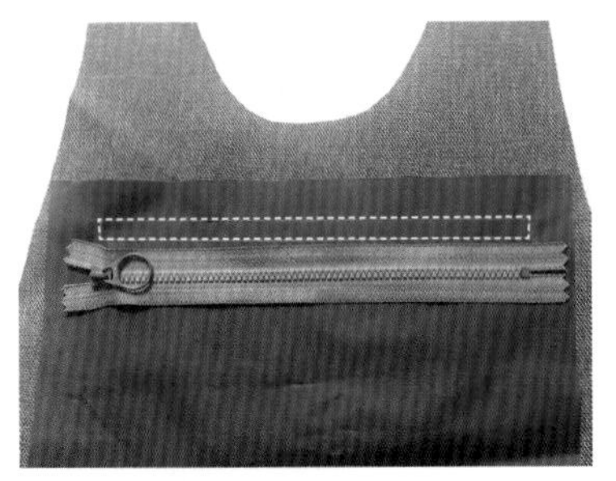

4 沿記號線車縫。

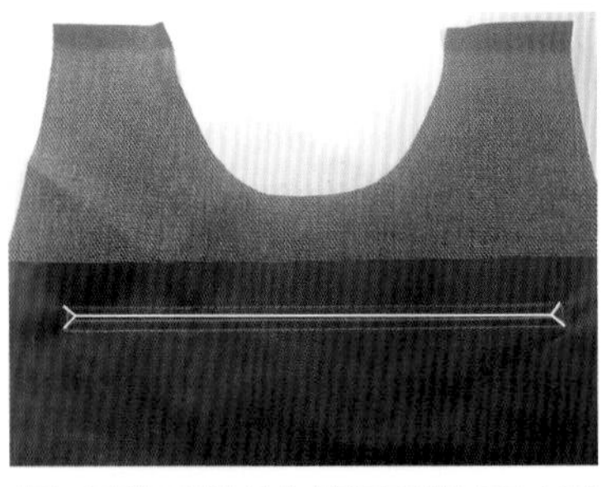

5 用剪刀剪開中線及兩端Y字（要非常接近直角處，但不要剪到車縫線）。

6 將拉鍊布塞入洞口，摺出一個長方形框。

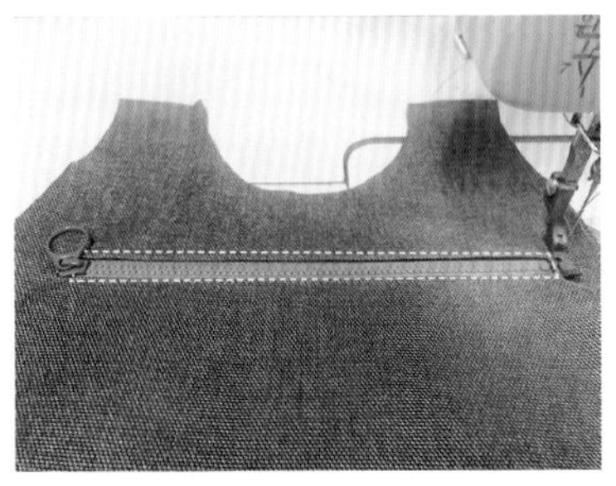

7 用雙面膠貼在20cm拉鍊兩側，再將拉鍊黏至長方形框中，沿框邊0.1cm車合拉鍊。

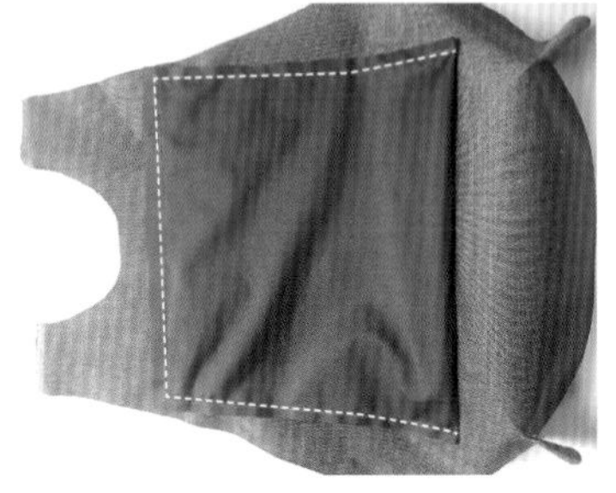

8 將背後的拉鍊布往上對摺，車縫ㄇ字型固定，完成一字拉鍊口袋。

9 將袋蓋固定至前袋身。

（三）製作後袋身

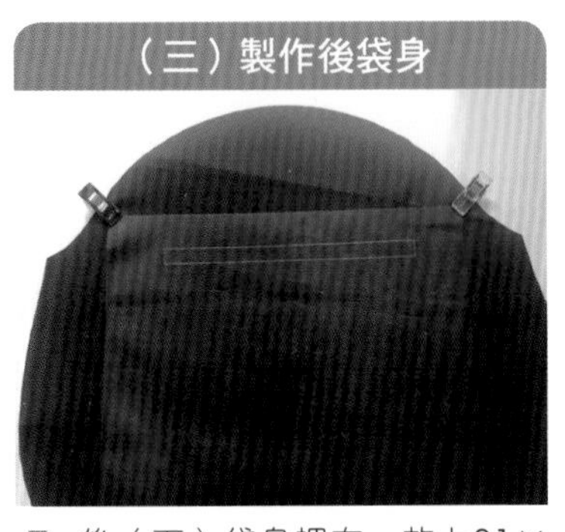

1 後（下）袋身裡布，放上21×40cm拉鍊口袋布正面相對，並在口袋布上畫出18×1cm長方形。

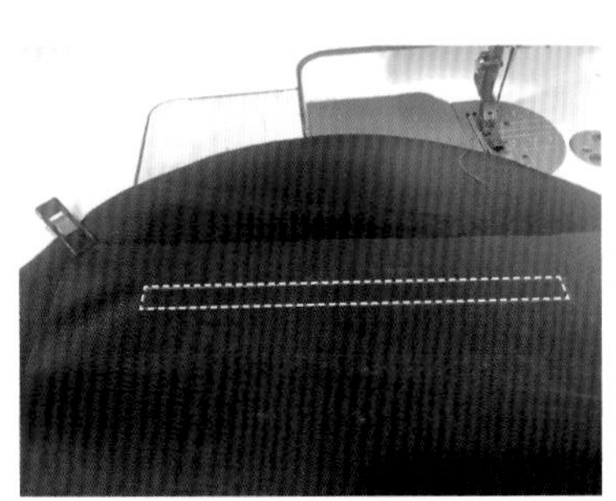

2 參考步驟（二）4~6沿著記號線車縫長方形，並在長方形中間剪出「雙Y」的開口。

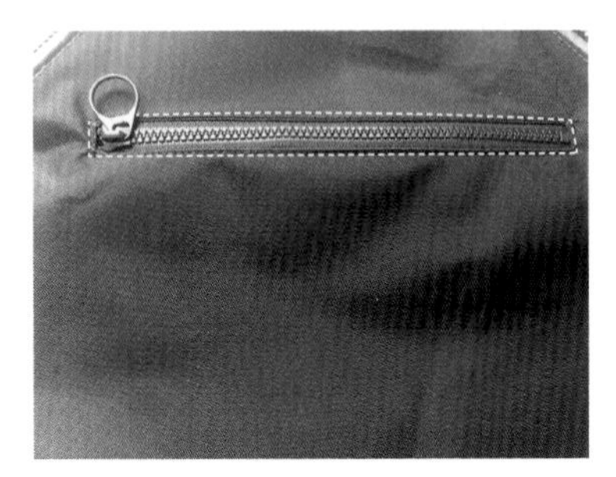

3 在長方形內黏上18cm拉鍊，並沿框邊0.1cm車合拉鍊。

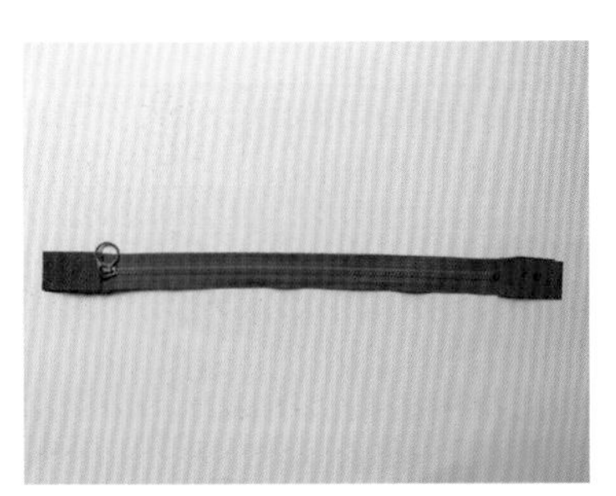

4 在30cm拉鍊兩端夾車拉鍊擋布（表裡各一）。

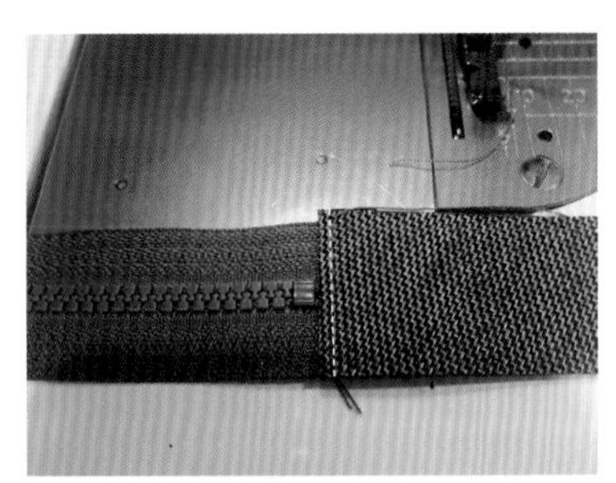

5 翻回正面，壓線0.2cm。

6 拉鍊一側中心點對齊後（下）袋身表布中心點如圖疏縫，再放上裡布夾車住拉鍊（縫份0.5cm）。

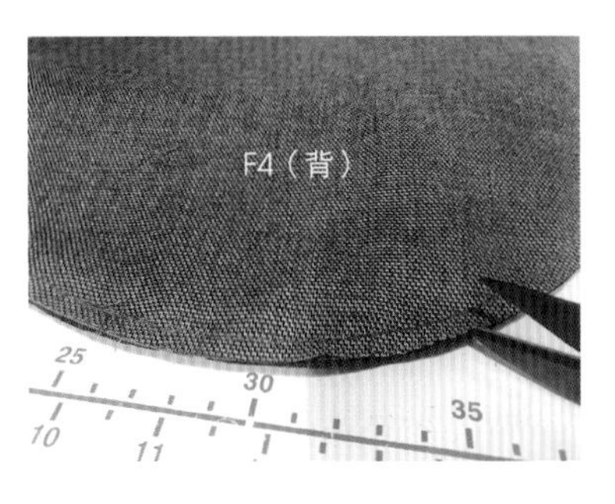

7 表、裡布在縫線外均需每0.5cm，剪約0.3cm牙口。

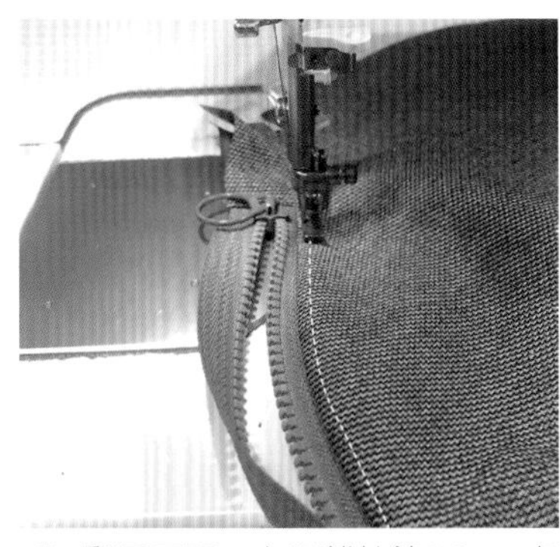

8 翻回正面，在距離拉鍊0.2cm處壓一道裝飾線。

9 後（下）袋身完成。

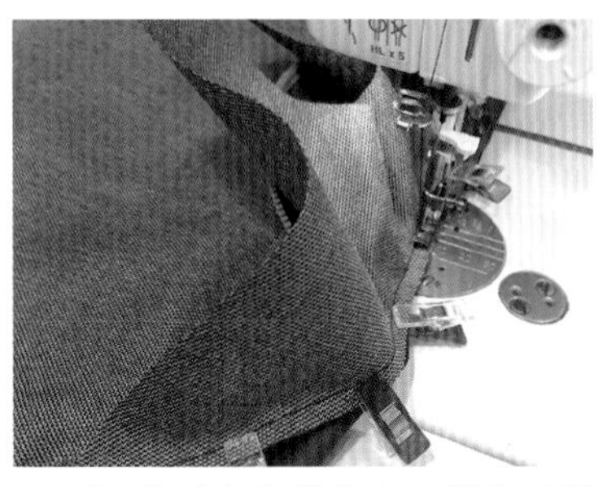

10 後（上）袋身表、裡布正面相對，夾車拉鍊另一側（注意中心點需對齊）。

11 縫線外的表、裡布均需分別修剪牙口。（注意別剪到拉鍊，離車縫線需有0.2cm安全距離。）

12 縫份倒向（上）袋身，在正面壓線0.2cm。

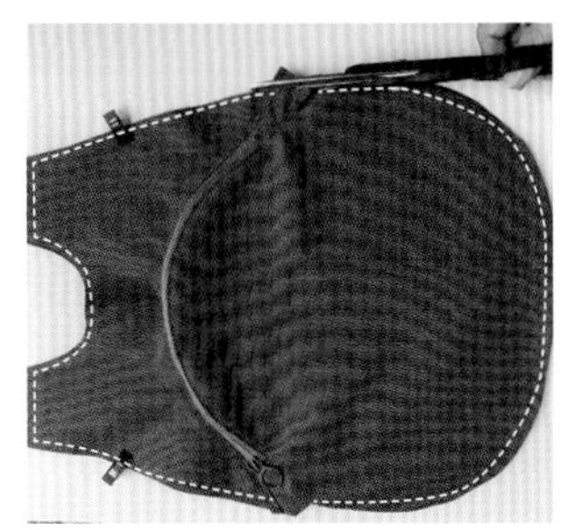

13 後袋身表、裡布布邊對齊，疏縫一圈，修剪多餘布料。

14 將後（下）袋身兩側拉鍊擋布上提，對齊後（上）袋身下緣後，車縫固定。

15 將兩組背帶側絆布正面對正面，車縫三邊。

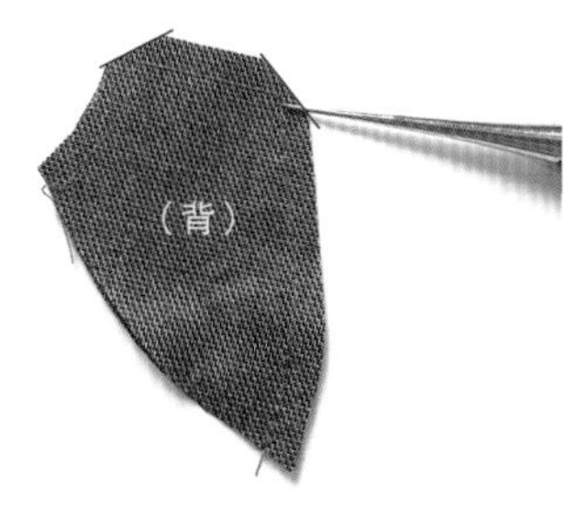

16 在直角處剪除三角形。

17 翻至正面壓線0.2cm，共完成兩個背帶側絆布。

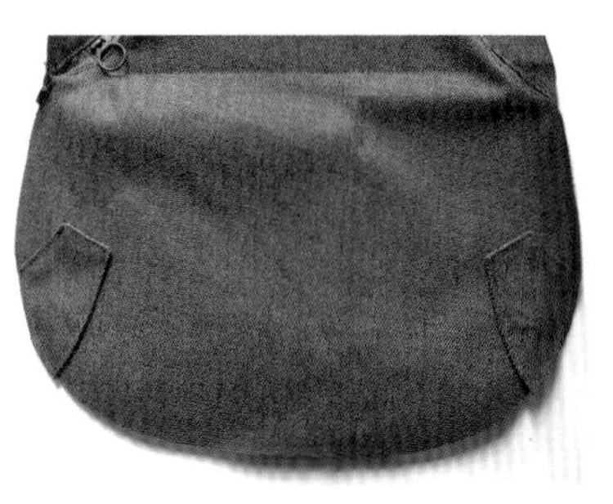

18 將兩個背帶布固定至後表袋布下緣（參考紙型標示）。

19 內口袋布短邊（30cm）對摺，車縫0.7cm。

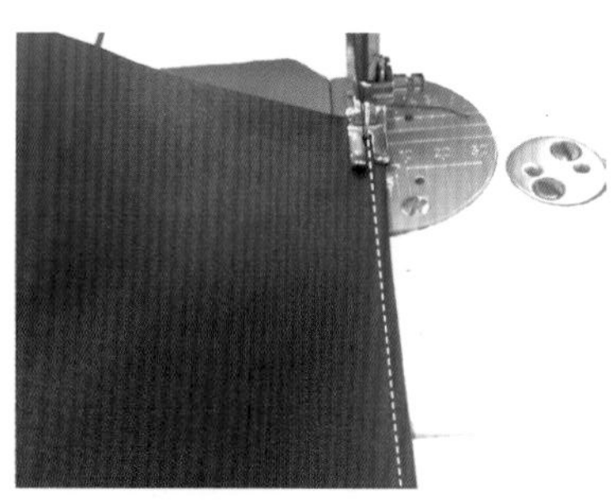

20 翻至正面，在上緣壓0.2cm裝飾線。

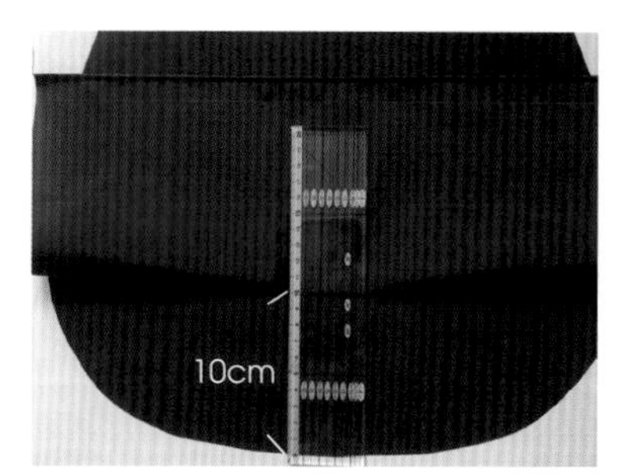

21 將車好的口袋布置於前袋身裡布，距離下方約10cm處置中，口袋底及兩側車縫固定，修剪周圍多餘布料，並車縫口袋分隔線。

（四）製作側袋身

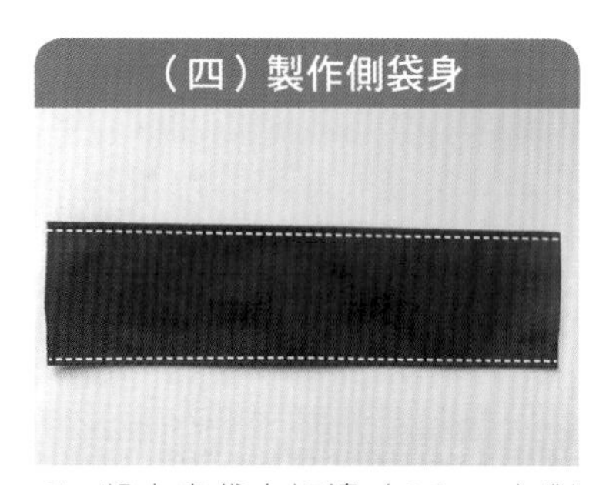

1 將水壺袋布短邊（15cm）對摺，車縫0.7cm，翻至正面。距上、下端0.2cm處各車縫一道裝飾線。

2 將兩片側袋身各別與底布正面相對接合，縫份0.7cm，攤開後縫份倒向側袋身兩側，壓線0.2cm固定。（表、裡布做法一致）

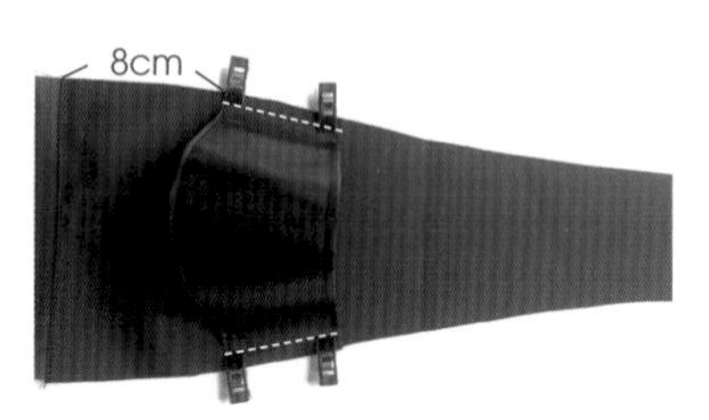

3 將水壺袋布固定在側袋身裡布脇邊（距下端約8cm處）。

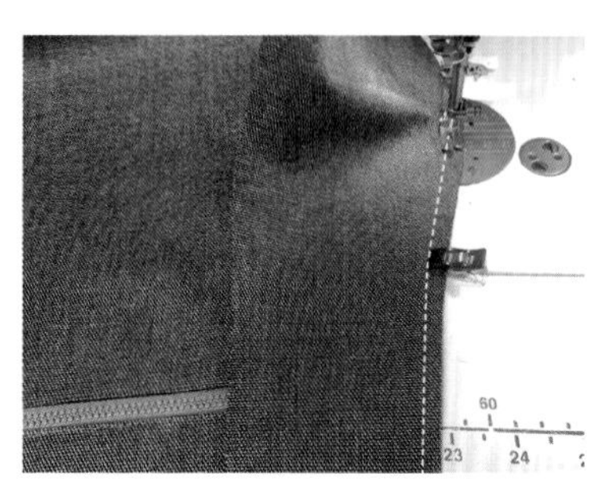

4 表布側身與前袋身表布正面相對，中心點對齊後車縫三周。

5 縫份倒向側身，壓線0.2cm。

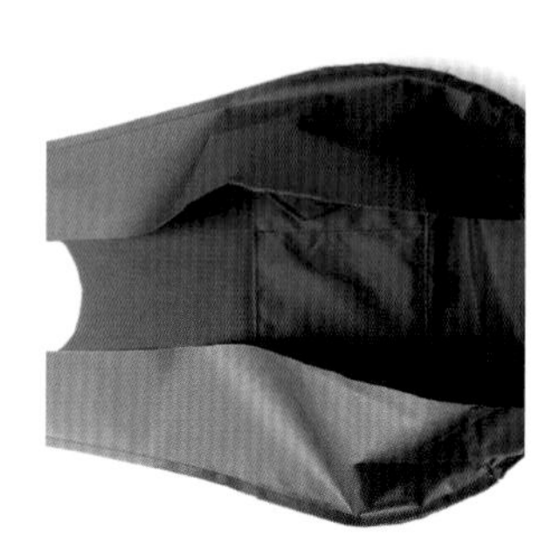

6 以同樣方式接合裡布側身及前袋身裡布。

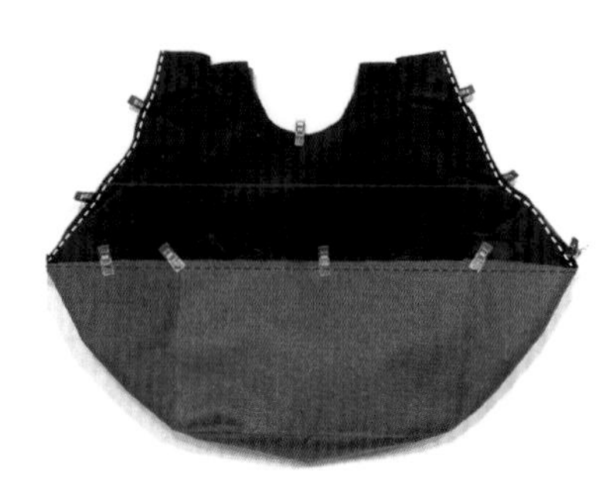

7 將步驟（四）4～6接合的前袋身表、裡布背面相對，四周疏縫固定。

（五）組合

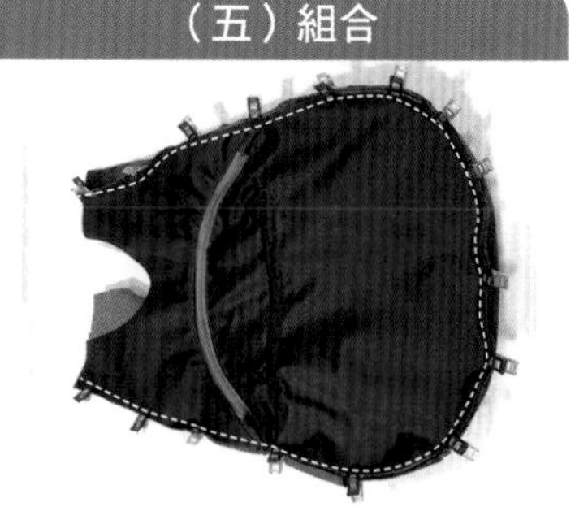

1 側身另一側與後袋身以強力夾固定，車縫三周。

2 布邊以人字帶或4cm適長的素色包邊布，包覆車縫收邊。

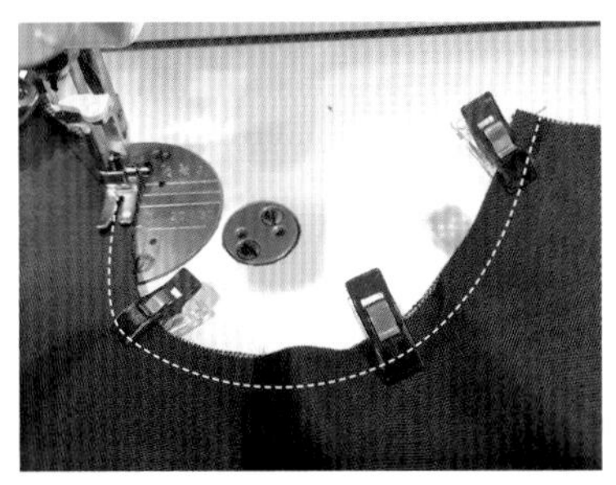

3 袋身上緣的U型內弧以強力夾固定，車縫0.5cm。

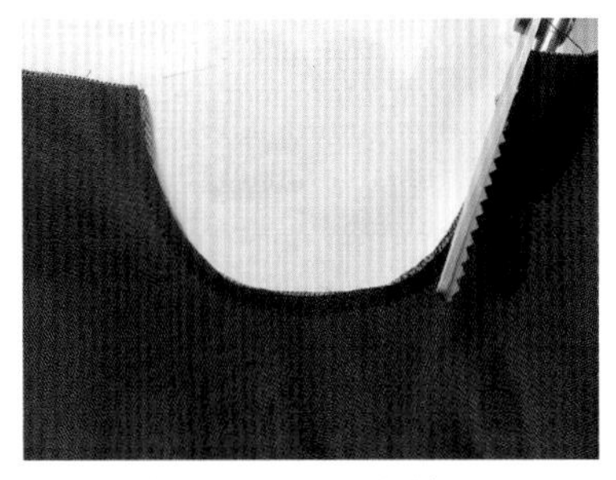

4 修剪內側牙口後，包邊。

5 從拉鍊處將袋身翻至正面，U型弧線壓線0.3～0.5cm固定。

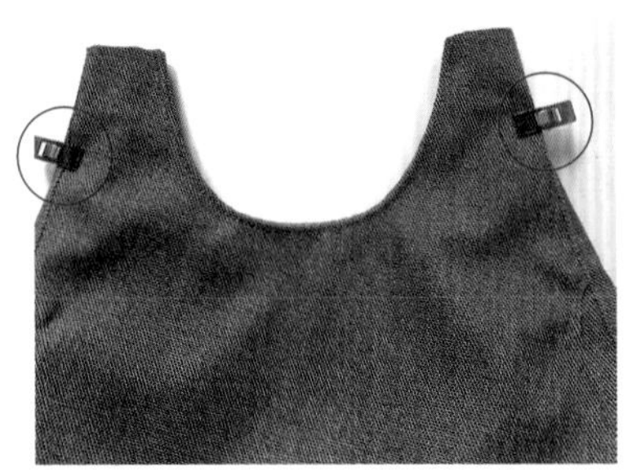

6 兩側側身內摺對齊，釘上方型皮片。

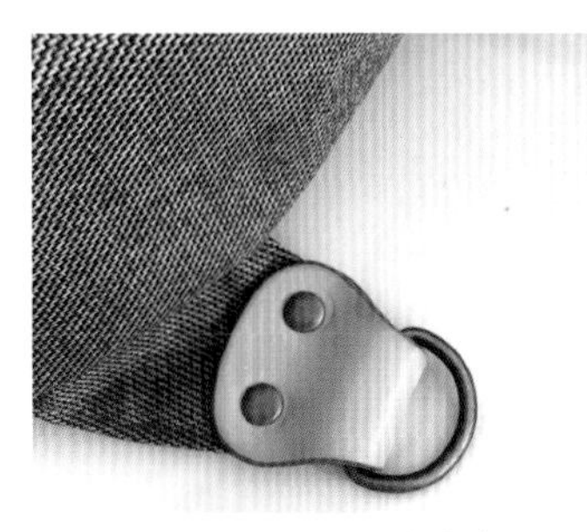

7 袋底兩側背帶側絆布釘上D環皮扣。

8 分別取兩條3尺3.2cm織帶，一端穿過方型皮片的口型環後，反摺3cm車縫固定。

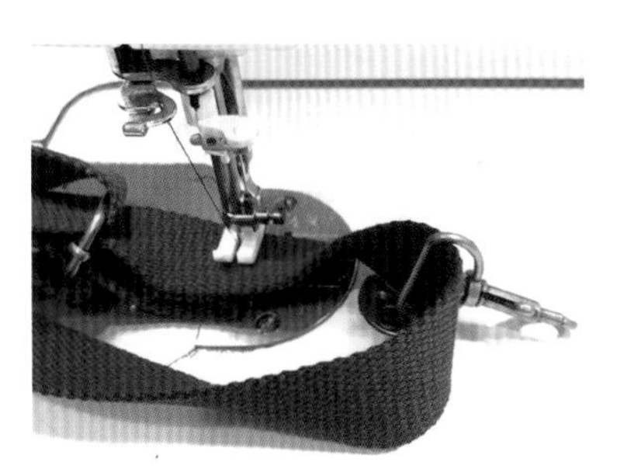

9 織帶另一端套入日型環及問號鉤，車縫固定。

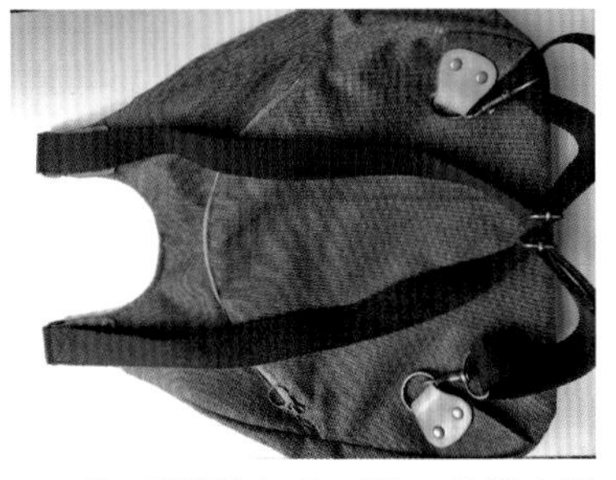

10 問號鉤勾入D環，並將皮革短提把勾入方型皮片的口型環上。

11 完成。

簡約俐落帆布雙肩包

「小巧的尺寸，實用又好搭配」
剛剛好的容量，配上有弧度的立體口袋，造型簡簡單單，溫溫柔柔。
百搭的款式，今天就背這一個吧！

立體口袋有巧思，收納小物好方便。

後方拉鍊口袋有隱私，保護貴重物品不怕掉。

適中的大小，放進水壺、長夾、筆記本都沒問題。

設計：吳玫妤

紙型：C面　　尺寸：寬25cm×高28cm×厚13cm

裁布表

※ 紙型皆不含縫份，若無特別標示，縫份皆為 0.7cm。 ※ 裡口袋可依個人需求設計製作。

部位名稱	尺寸	數量	備註
表布／橄欖綠			
袋身	紙型 A	2 片	
前口袋	紙型 B	1 片	
拉鍊貼邊	紙型 F	1 片	兩側縫份請外加 1cm
側袋身	紙型 G	1 片	兩側縫份請外加 1cm
表布／卡其			
前口袋側邊	紙型 C	1 片	
上袋蓋	紙型 D	1 片	折雙裁剪
下袋蓋	紙型 E	2 片	
背帶連接飾布	11×11cm	1 片	已含縫份
口型環連接飾布	6.5×6.5cm	2 片	已含縫份
裡布			
袋身	紙型 A	2 片	
前口袋	紙型 B	1 片	
前口袋側邊	紙型 C	1 片	
拉鍊貼邊	紙型 F	1 片	兩側縫份請外加 1cm
側袋身	紙型 G	1 片	兩側縫份請外加 1cm
滾邊條	3.7×100cm	1 片	

配 件

· 織帶寬 3.2cm 長 100cm×2 條（後背帶）
· 織帶寬 2.5cm 長 20cm×1 條（提把）
· 寬 3.2cm 日型環 ×2 個
· 寬 3.2cm 口型環 ×2 個
· 皮革書包釦 ×1 組
· 5V 碼裝拉鍊 44cm×1 條
· 拉鍊頭 ×2 個

製作方法

（一）製作前後袋身與口袋

1 將兩片下袋蓋E正面相對，如圖車縫。

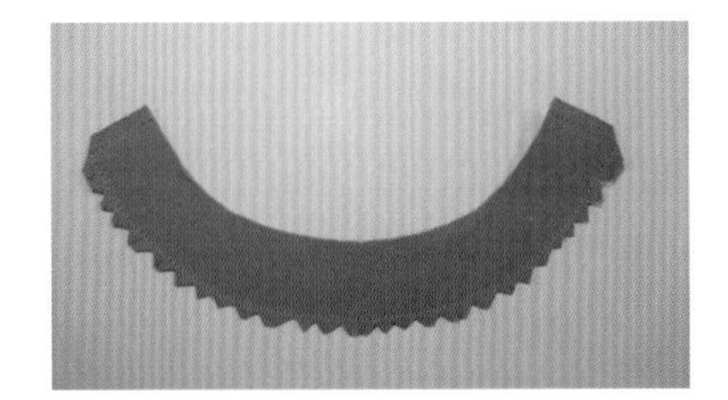

2 轉角與弧度處修剪牙口。

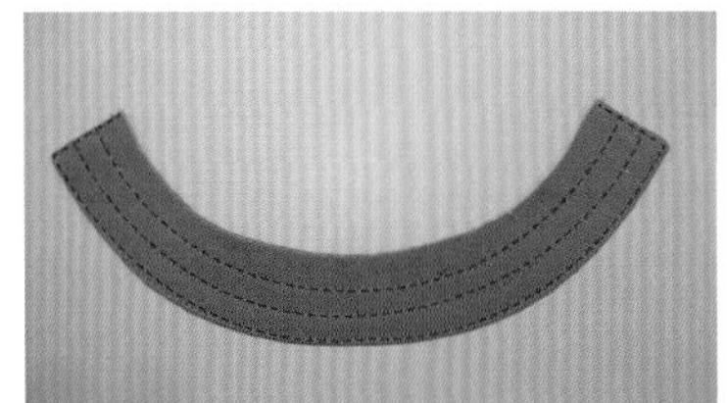

3 翻回正面，車壓裝飾線。

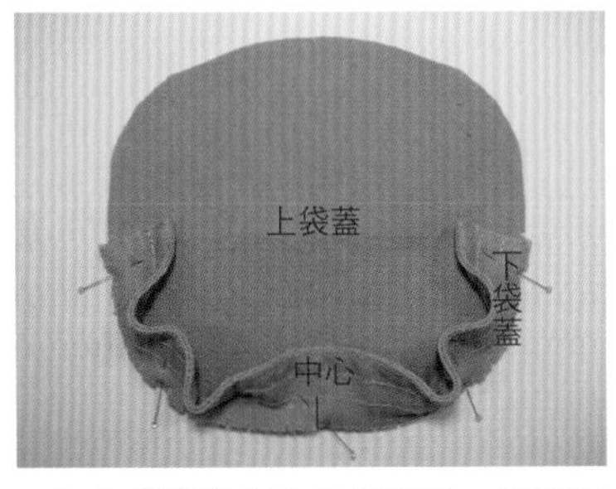

4 上袋蓋做出中心記號點，再將下袋蓋對齊記號以珠針固定，弧度處可先剪牙口。

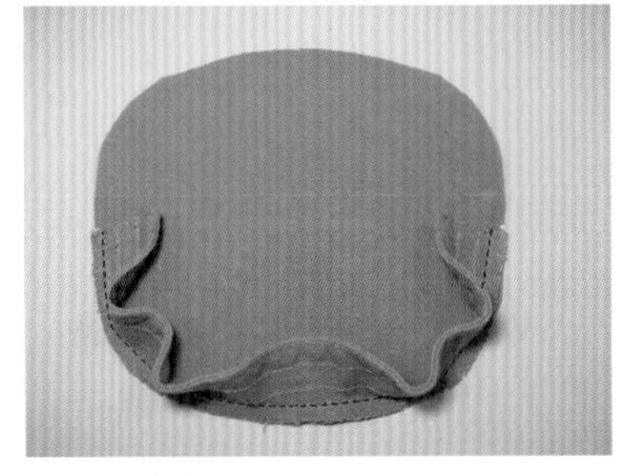

5 沿邊車縫固定。

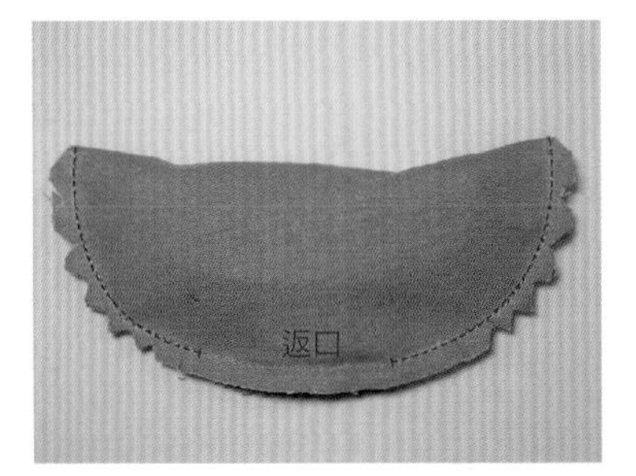

6 將上袋蓋對折，中間預留返口，車縫兩側。

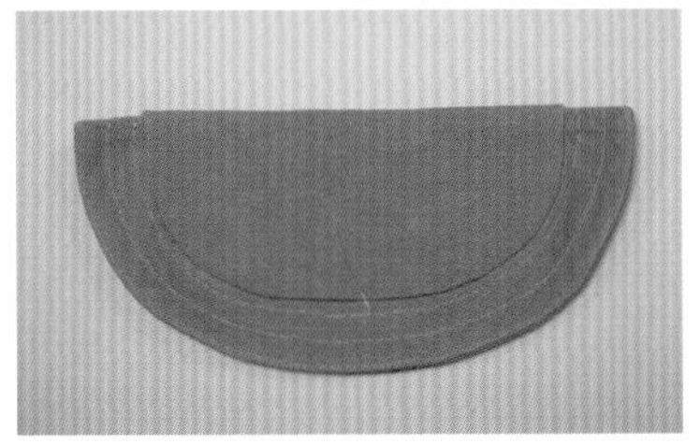

7 由返口翻出，整理返口縫份，並用珠針固定。

8 在正面沿邊壓線。

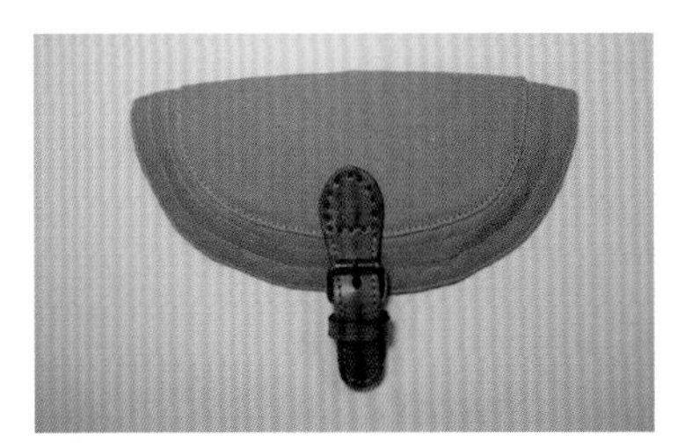

9 先將書包釦安裝於袋蓋。

10 依紙型將袋蓋車縫固定於前袋身。

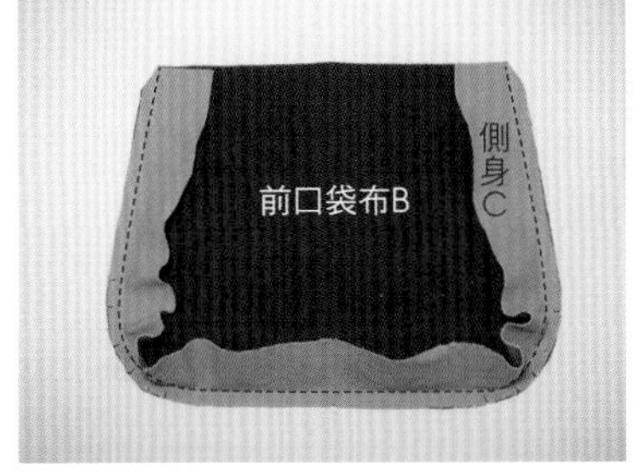

11 取表前口袋布B與側身C接合，弧度處可先剪牙口。

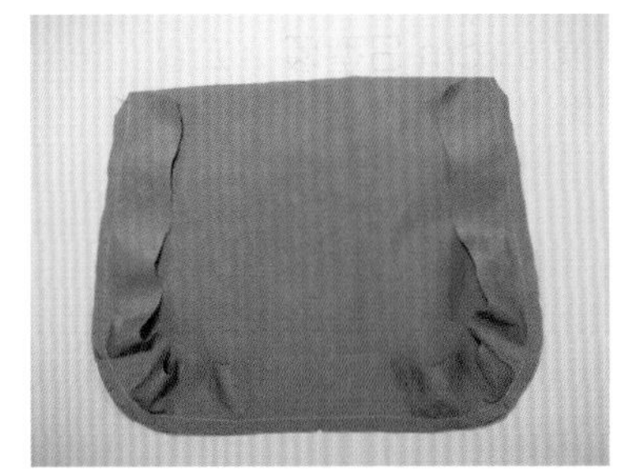

12 裡布做法相同。

13 表裡前口袋正面相對，車縫袋口一道，縫份皆倒向側身。

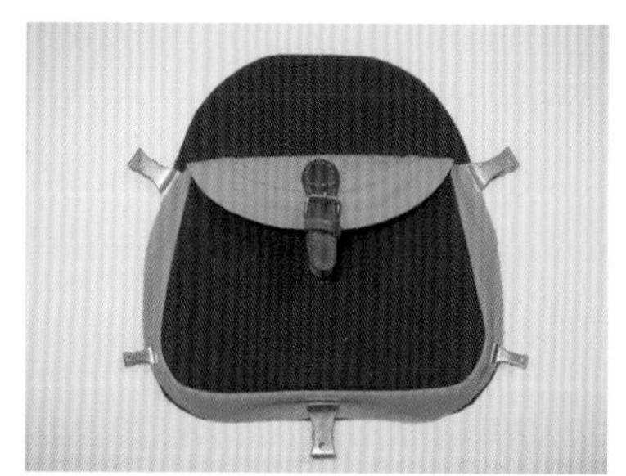

14 前口袋翻回正面稍稍整理，依口袋記號位置，用夾子固定於表前袋身，接著找出書包釦下釦位置並安裝。

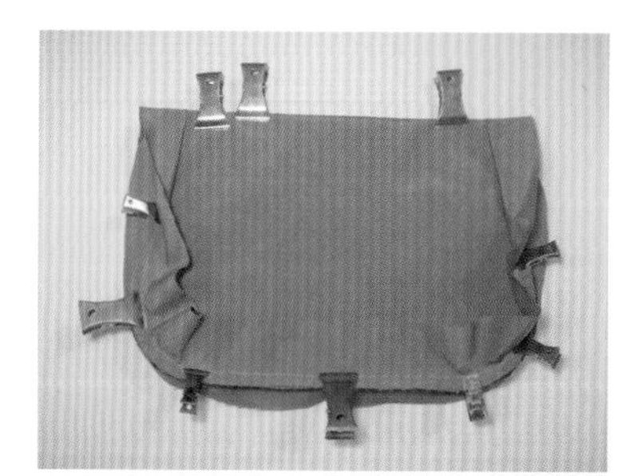

15 將表裡前口袋布背面相對，側袋身倒向口袋布，縫份對齊先固定。

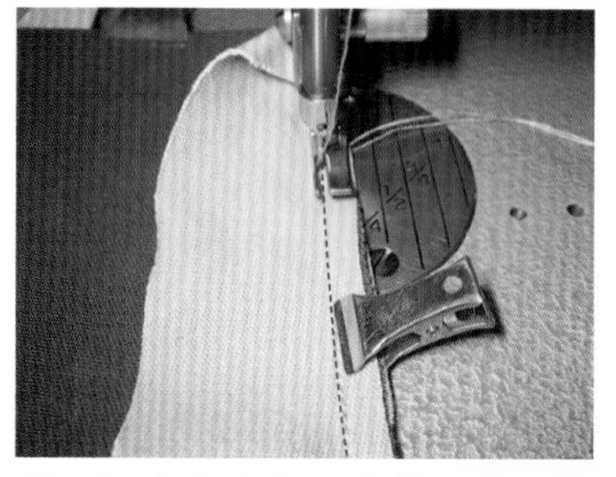

16 表布在上，由袋口往下約5cm處沿著接合線開始車縫，固定表裡口袋縫份（用意在於使口袋較挺有型，裡布服貼）。

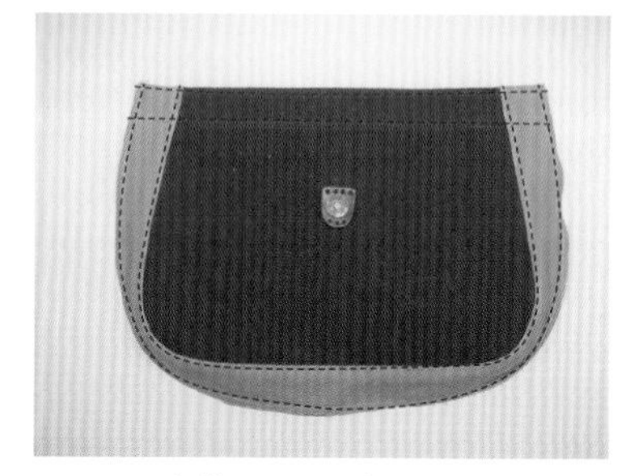

17 在袋口及接合處壓線，側邊縫份疏縫固定。

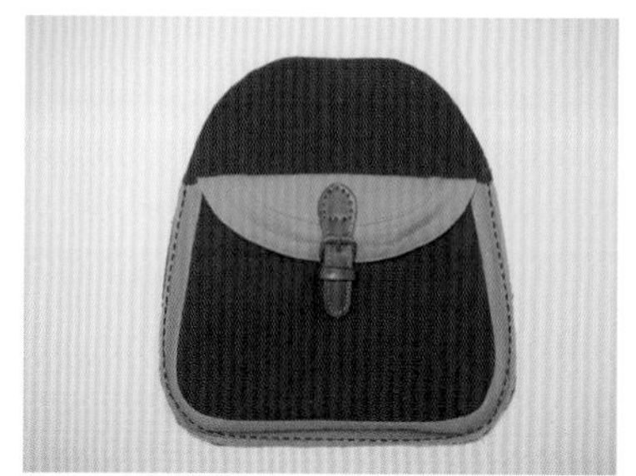

18 依口袋記號位置車縫於表前袋身上，完成前袋身。

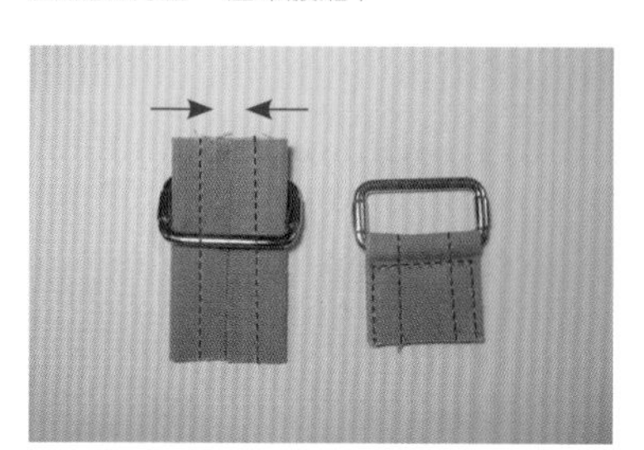

19 口型環連接飾布兩側往中心折，先壓線固定縫份（如圖左），接著套入口型環後對折，壓邊線固定（如圖右）。

20 留意當車縫步驟19遇到高度落差時易發生跳線、斷線、車不動及針目不均，請利用高度輔助板車縫。（使用時機：以爬山為例，爬坡時在後面推，下坡時放前面擋）。

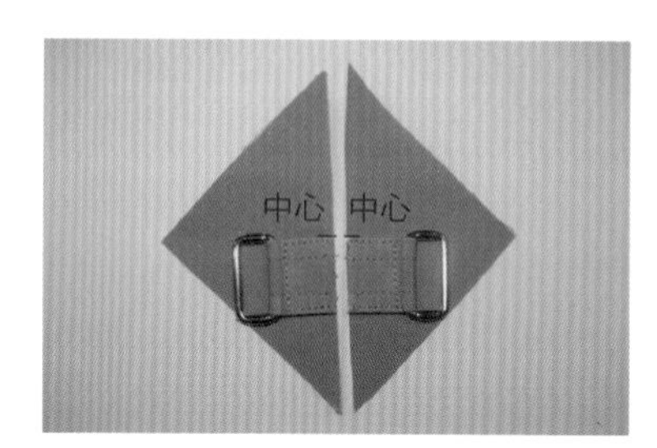

21 將正方型背帶連接飾布對角剪開，做出中心記號。如圖在中心旁擺放口型環飾布（可先車縫固定）。

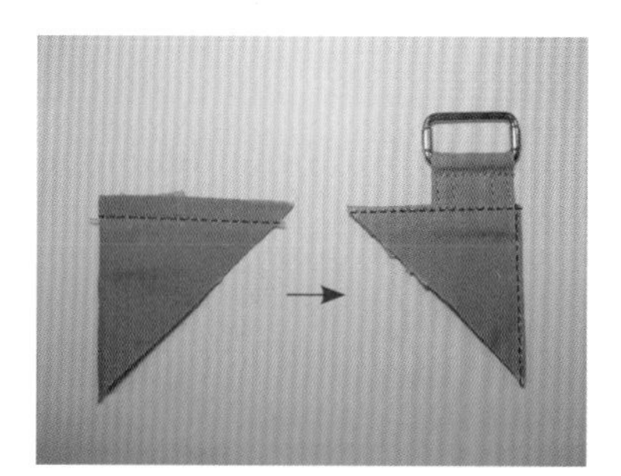

22 將背帶連接飾布對折車縫（如圖左），車好翻至正面壓線（如圖右）。

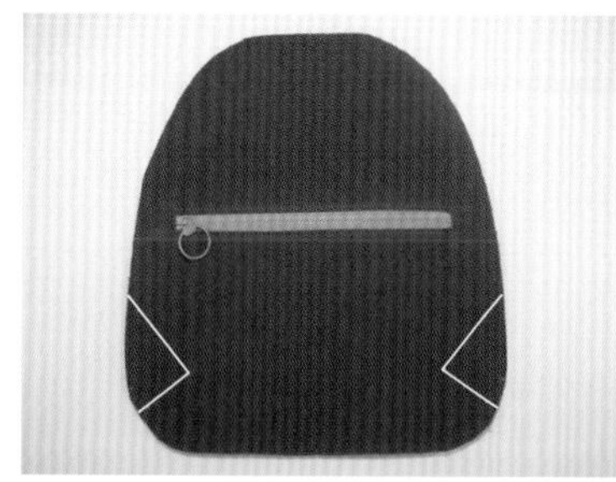

23 後袋身依個人需求及使用習慣，製作直式或橫式拉鍊口袋。依版型先做出背帶連接飾布記號位置。

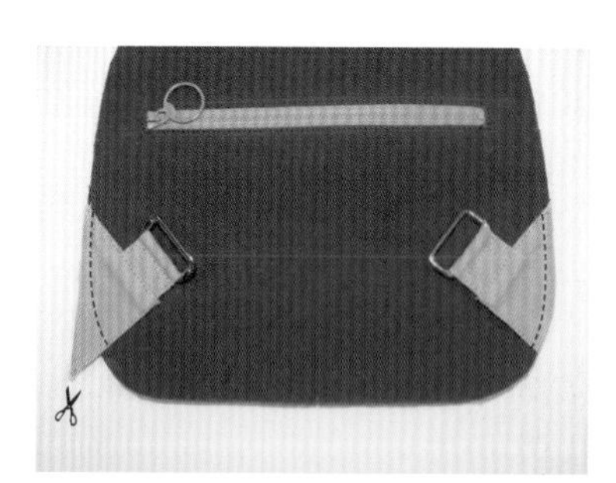

24 依記號車縫背帶連接飾布，剪去多餘縫份。

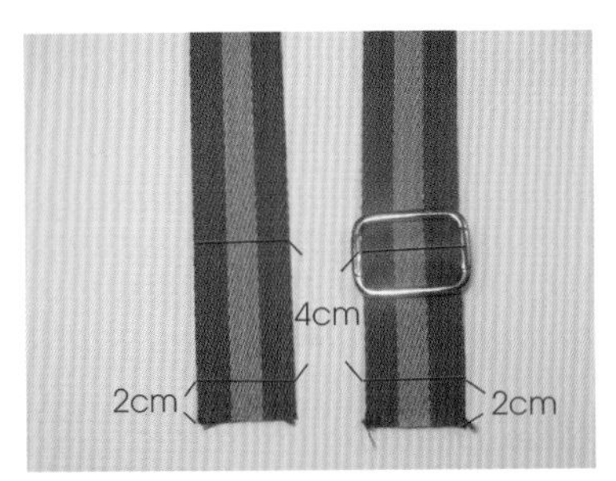

25 如圖在後背帶一端做出兩道記號線，接著套入日型環，中心對齊上方記號線。

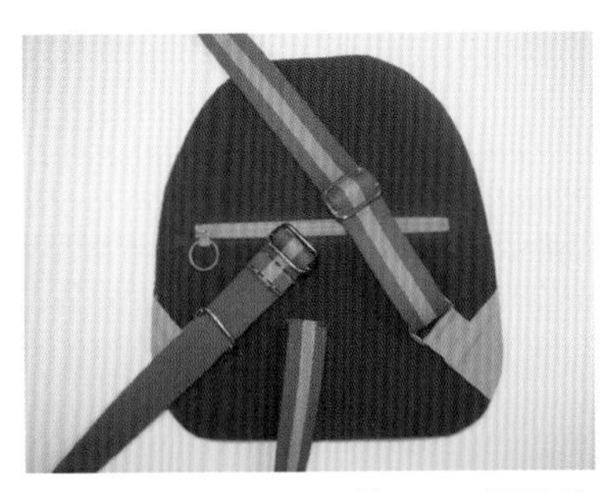

26 將步驟25尾端2cm縫份內折，壓線固定。接著穿入後袋身口型環，再穿入日型環。

27 後背帶另一端車縫於後袋身中心點（如圖兩側可高過後袋身高0.5至1cm）。

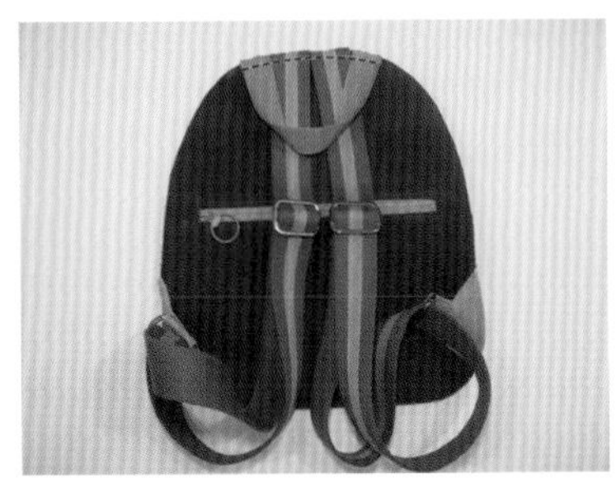

28 車縫提把於後背帶兩側，完成後袋身。

（二）製作側袋身

1 碼裝拉鍊與表拉鍊貼邊F直線處正面相對，車縫一道，拔除頭尾1cm縫份處拉鍊齒。

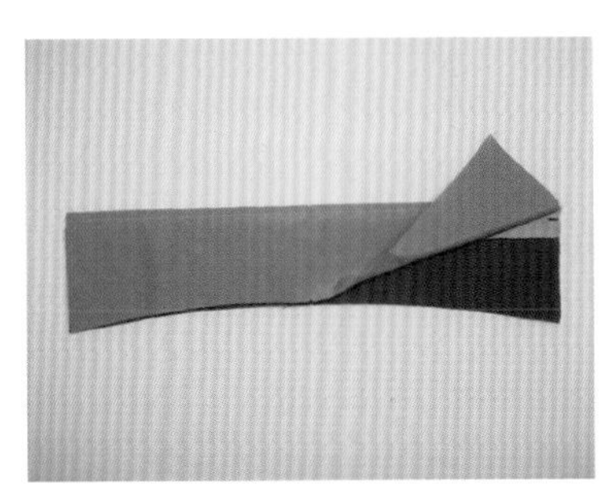

2 拉鍊貼邊表裡布正面相對，夾車拉鍊。

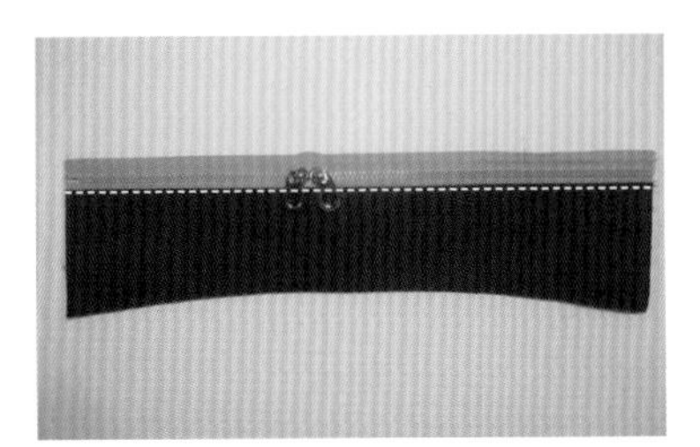

3 翻至正面壓線，穿入拉鍊頭。

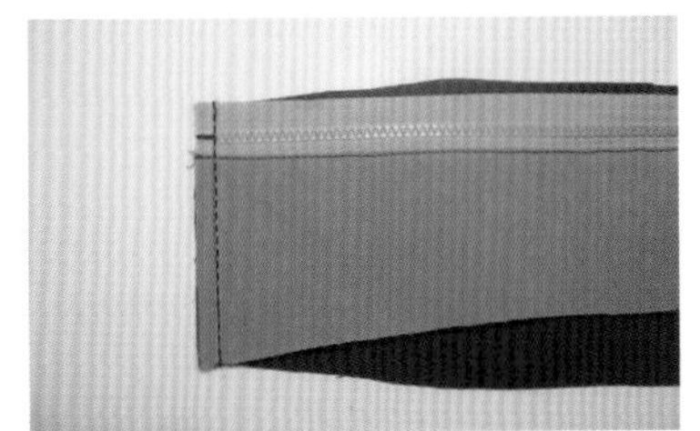

4 拉鍊貼邊與表側袋身正對正，車縫1cm縫份。（留意因每個人使用拉鍊號數不同，亦影響拉鍊貼邊製作後的尺寸，接合時如有誤差需先修剪）。

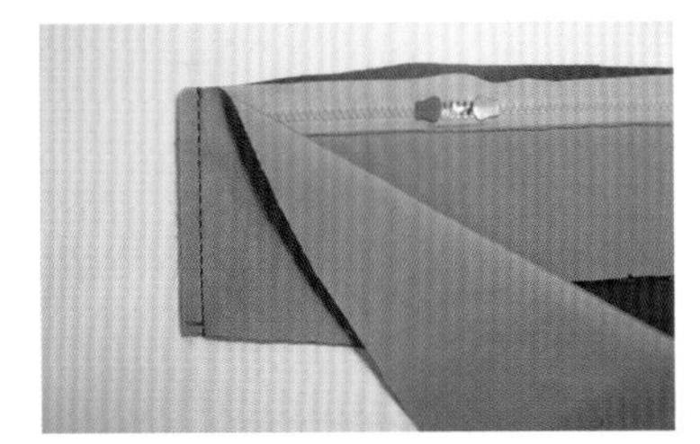

5 表裡側袋身正面相對，夾車拉鍊貼邊，另一邊做法相同。

6 翻至正面壓線。

7 將表裡側邊的縫份疏縫固定。

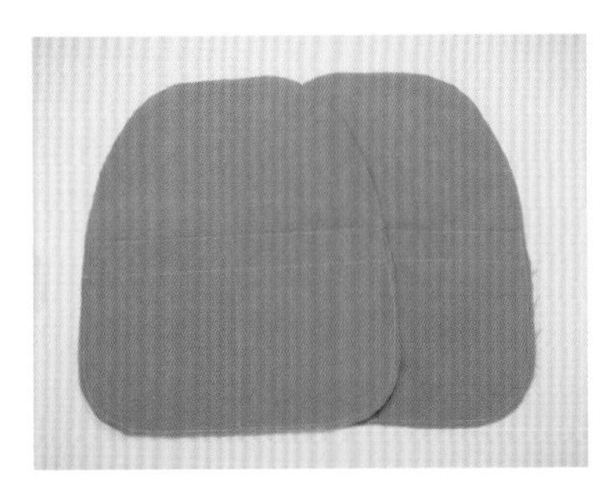

8 裡袋身依個人需求與使用習慣製作口袋。

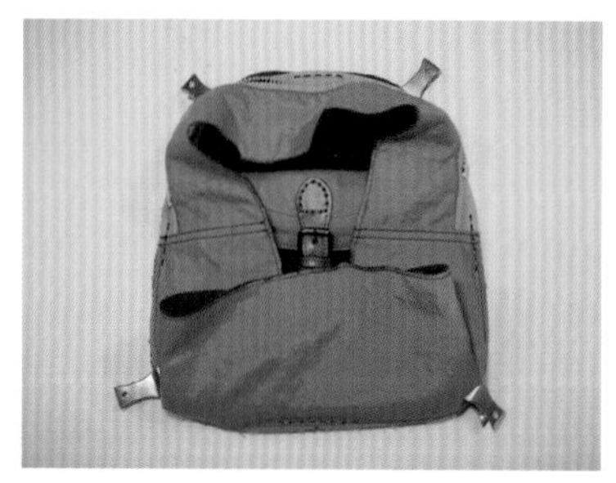

9 如圖找出前袋身與側邊拉鍊處中心點、拉鍊起始點共四個記號，先假縫約4cm固定，其餘用夾子稍微對齊固定。

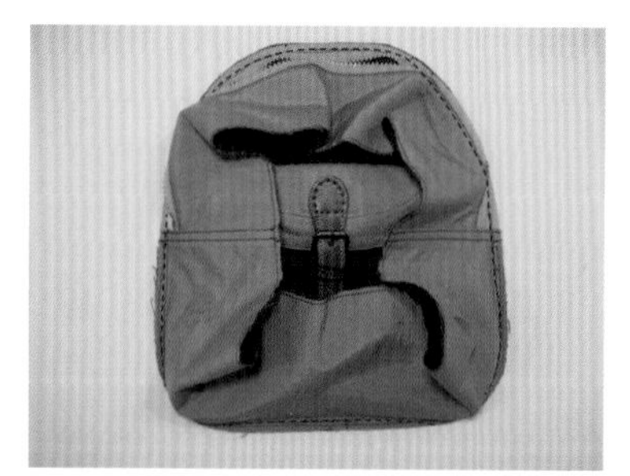

10 車合前袋身與側邊整圈。

11 將側邊倒向前袋身，接著如圖疊上裡袋身，記號對齊以珠針固定。（此包前袋身表裡布使用翻光做法處理縫份，而後袋身則是包邊做法，可依布料厚薄度及製作習慣，自行選擇適合的方法）。

12 表布面朝上，由袋底直線處預留返口，車縫一圈接合。弧度處剪牙口，拉鍊布牙口不要剪太深易鬚邊。

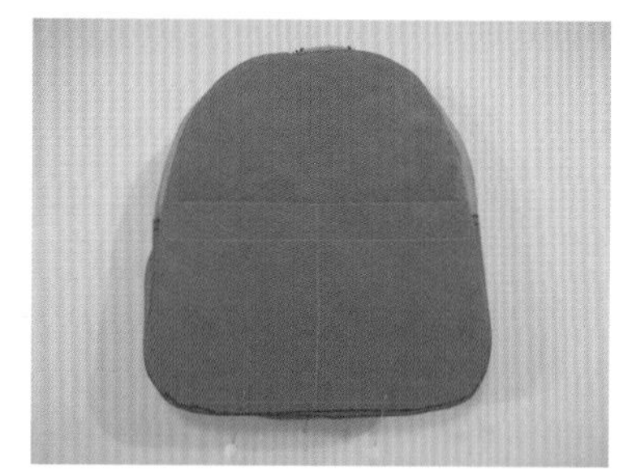

13 翻回正面，整理縫份後以藏針縫縫合返口。

14 表裡後袋身背面相對，疏縫固定。（由於此包不大又使用水洗石蠟帆布作為主配布，有一定的厚挺度，以二次翻光處理較困難，所以後袋身裡布採取包邊方式）。

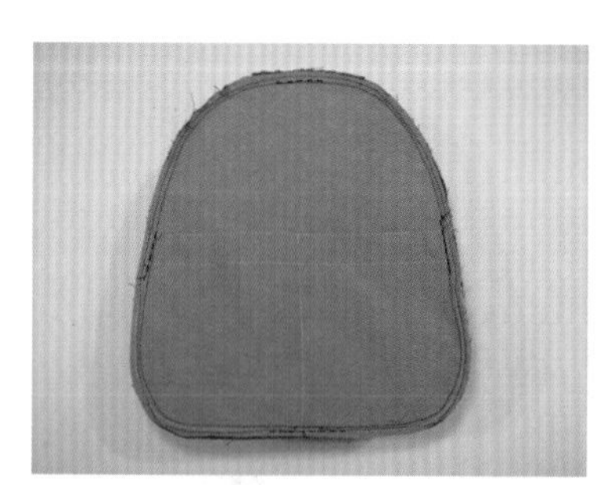

15 同步驟9做法，找出後袋身與側袋身中心、拉鍊起始記號共四點，先假縫一小段後車合整圈。

16 滾邊條開頭處留一段約5-6cm不車，由袋底直線處開始車縫（縫份0.7cm）。留意車縫時將滾邊條順順地沿著袋身布邊慢慢車，遇到轉角弧度處要放鬆車，注意不要拉扯到。

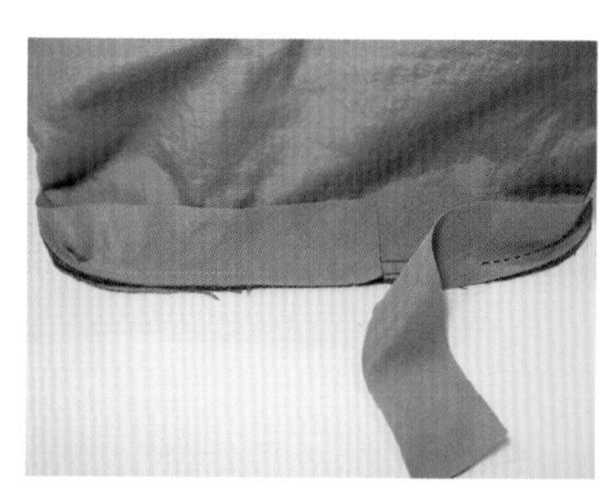

17 車縫整圈至另一邊，直線處留約10～15cm先不車。

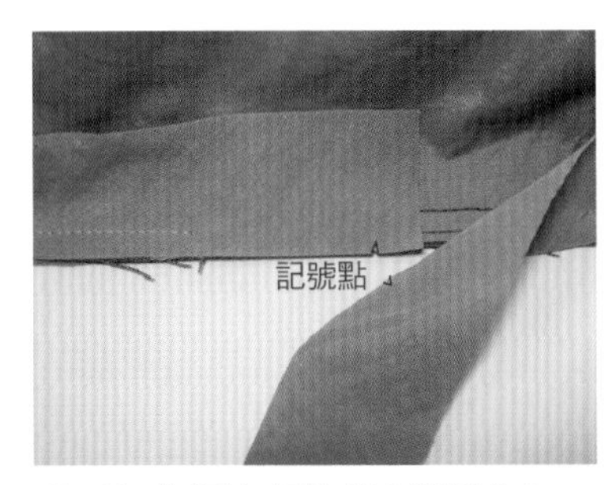

18 如圖在起始端布邊留約1cm縫份，做出一個記號點。再將滾邊條尾端重疊，在同一個位置做出記號。

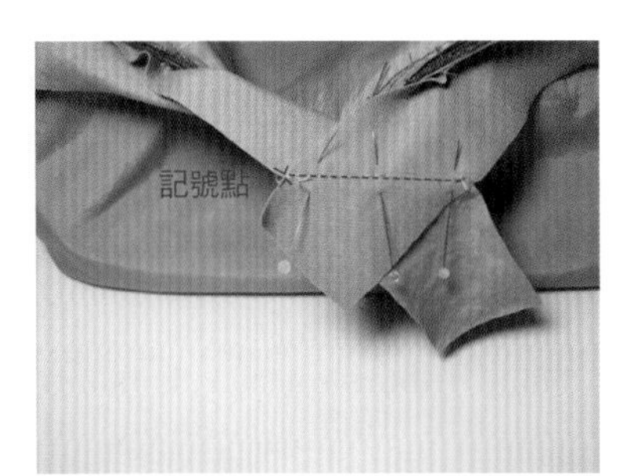

19 將頭尾端記號正面相對，如圖垂直擺放，接著車一條對角直線。

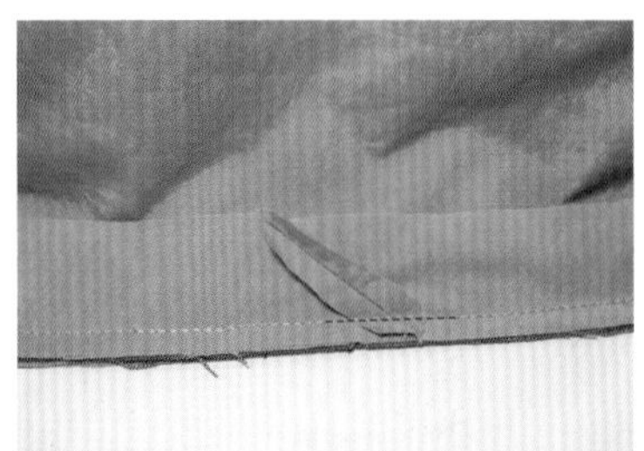

20 將縫份留約0.5cm，其餘則修齊，縫份倒開後如圖繼續車縫。

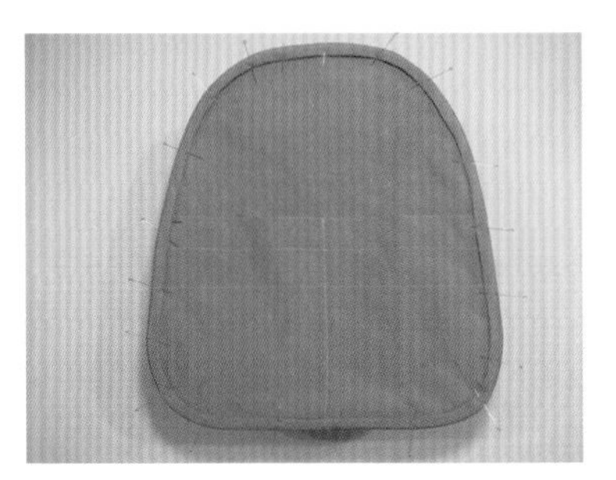

21 將滾邊條布邊內折，用細珠針先固定。（滾邊條寬度裁剪需依布料的厚薄度而做增減，遇較厚縫份時適時修剪縫份，會讓包邊製作更順暢）。

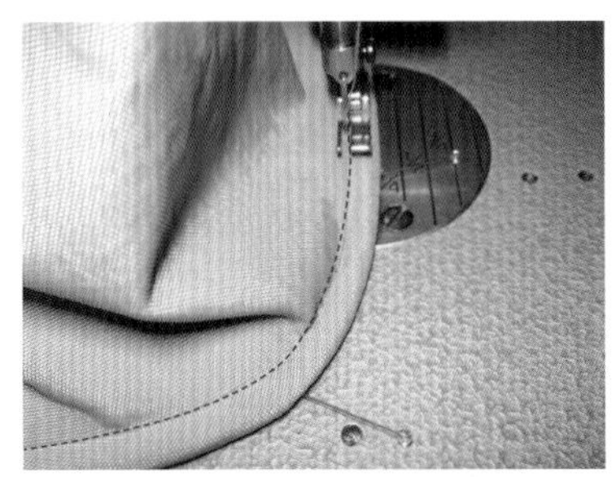

22 包邊第二道壓線可壓在滾邊條的邊緣，但如果怕底下壓不到，亦可壓在滾邊條上。

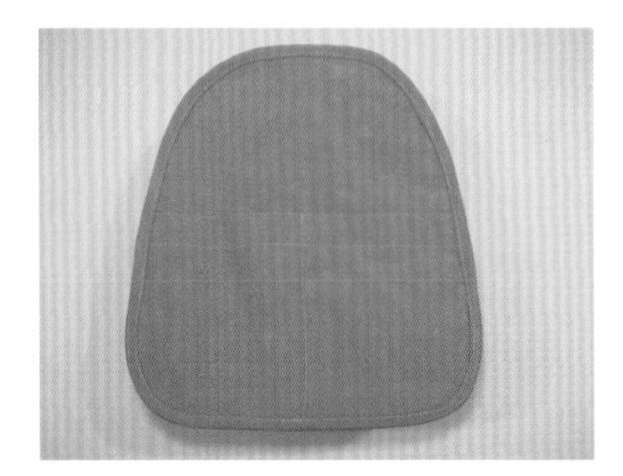

23 檢查滾邊條是否都有壓到。

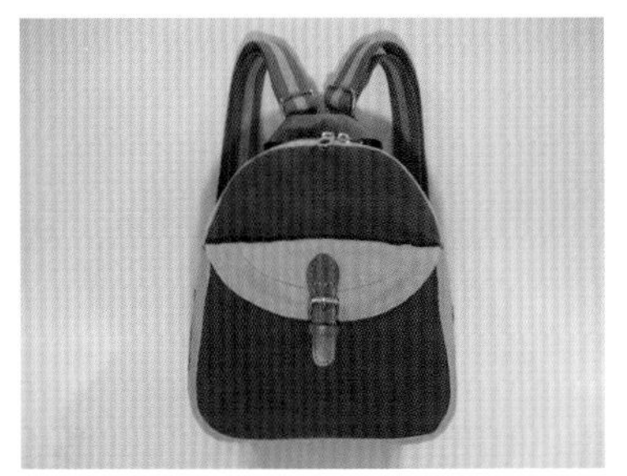

24 翻回正面，完成。

純粹藍帆布後背包

「百搭定番款」
簡約的袋子形狀，搭配折口式開口，實用又好看。
背它絕對不會出錯！

可手提可肩背，
展現率性好簡單。

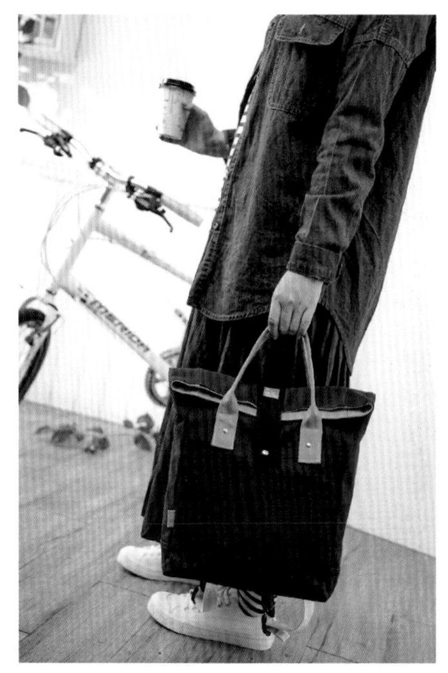

實用尺寸，輕鬆放入雜誌與隨身小物。

折口式開口，掀開取物好方便。

設計：布棉花

紙型：C面　　尺寸：高35cm×寬26cm×厚12cm

裁布表

※ 紙型與數字尺寸皆不含縫份，若無特別說明，請外加縫份 1cm。

部位名稱	尺寸	數量	備註
表布／深藍色帆布			
表袋身	紙型	2片	
表側身	紙型	2片	
表袋底	紙型	1片	
背帶	紙型	2片	
配色布／芥黃色帆布			
裡袋底	紙型	1片	
裡袋身返口布	紙型	2片	
裡側身返口布	紙型	2片	
提把	60×10cm	2片	無縫份
下背帶布	紙型	2片	無縫份
側邊裝飾布	5×5cm	1片	無縫份
裡布／圖案布			
裡袋身	紙型	2片	
裡側身	紙型	2片	
其他			
背帶內鋪海綿	紙型	2片	無縫份

配 件

· 寬 4cm 黑織帶長 30cm×1 條
· 寬 2.5cm 織帶長 110cm×1 條
· 塑膠梯形扣環 ×2 個
· 撞釘磁扣 ×1 組
· 鉚釘 ×2 組

製作方法

（一）製作提把

1 提把布兩長邊縫份往內折約1.5cm，接著再對折並車縫。

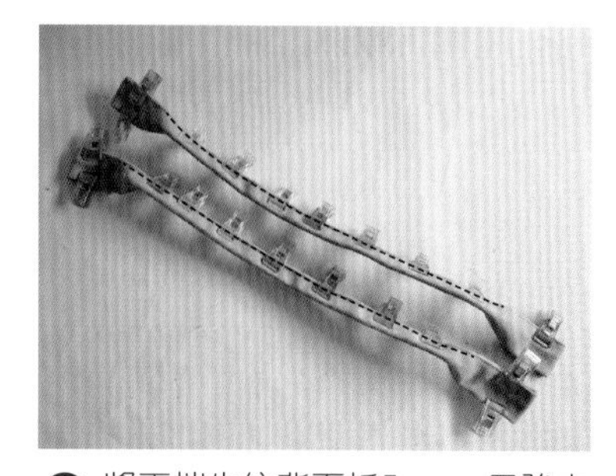

2 將兩端先往背面折5cm，用強力夾固定。其餘部分對折後如圖車合一道。

3 如圖在表袋身畫上位置記號，接著將提把車縫固定。

（二）製作側身

1 裡側身與裡袋底短邊對齊，正面相對並車合，翻回正面，將縫份推向一邊，車一道裝飾線。同做法接合另一片裡側身。

2 將裡側身另一端與裡側身返口布正面相對，車縫固定。翻回正面將縫份推向一邊，車縫裝飾線。同做法接合另一片裡側身返口布。

3 同步驟1的做法車合表側身與表袋底。

（三）製作裡袋身

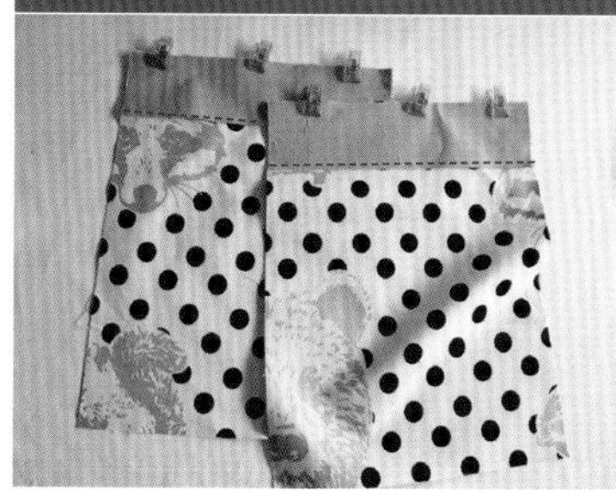

1 裡袋身與裡袋身返口布正面相對並車合。翻回正面，將縫份推向一邊，車縫裝飾線。

2 將裡袋身與裡側身正面相對，沿邊車縫U字型。翻回正面，將縫份倒向一邊，車一道裝飾線。

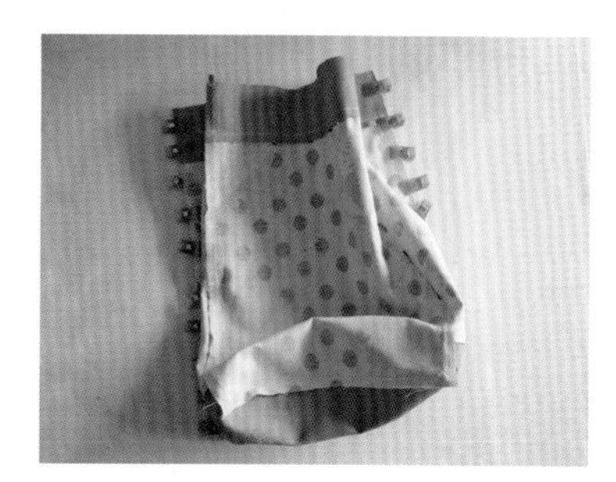

3 同步驟1～2做法，接合另一片裡袋身，完成如圖。

（四）製作表袋身

1 在背帶布短邊往下4cm處先燙上鋪綿。

2 背帶布先折成三等份，將左邊往內折至2／3處，右邊剩下1／3先對折一次，再對折，如圖車縫。

3 將背帶底端兩側往中間折合，讓底端呈尖角狀，車縫兩道固定。

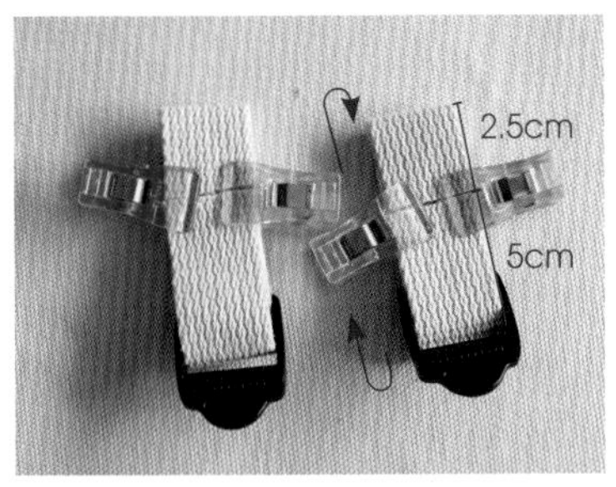

4 取兩段寬2.5、長15cm的織帶，穿過梯形扣環上層，如圖上端往內折2.5cm，下端往上內折5cm，用強力夾先固定。

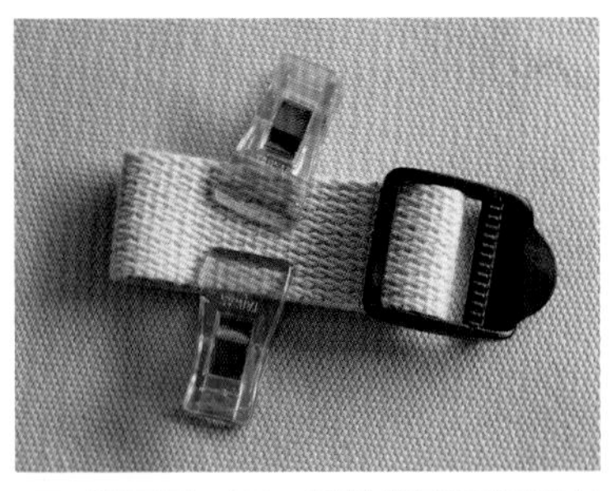

5 翻至另一面，將織帶靠近扣環處車縫一道，固定扣環。

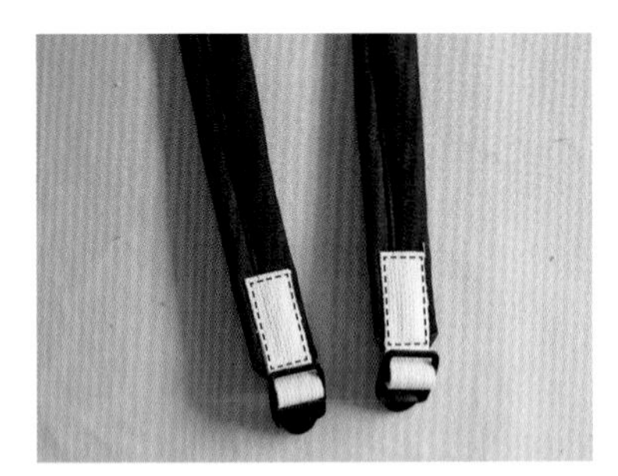

6 將織帶以強力夾固定在背帶尖角處，如圖車縫長方型固定，完成上背帶。

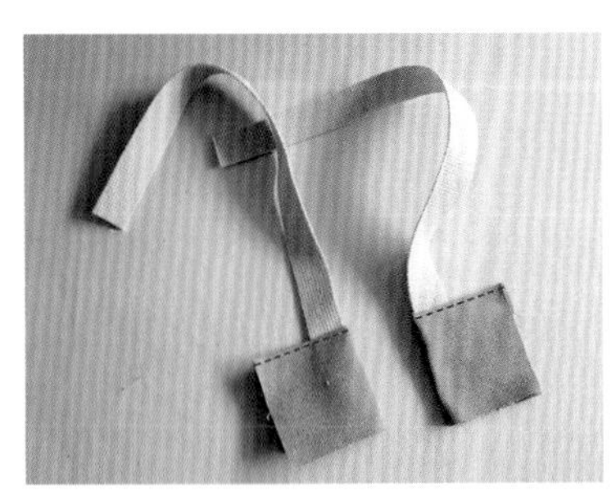

7 將下背帶布上端往內折1.5cm再對折。取兩段寬2.5、長40cm的織帶夾入下背帶布，對齊剛折好的1.5cm處，車縫固定。

8 將下背帶車縫在後表袋身，沿邊剪去多餘的下背帶布。

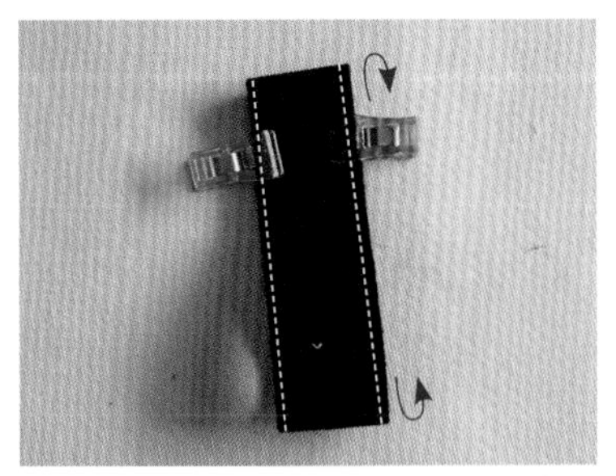

9 取一段寬4、長30cm的黑織帶，將上端往下折2.5cm，下端往上折12.5cm，如圖車縫左右兩側。

10 將黑織帶翻至正面，如圖車縫☒字型固定在後表袋身，留意剛內折的2.5cm需收攏車合在☒字型線圈中，完成前扣織帶。

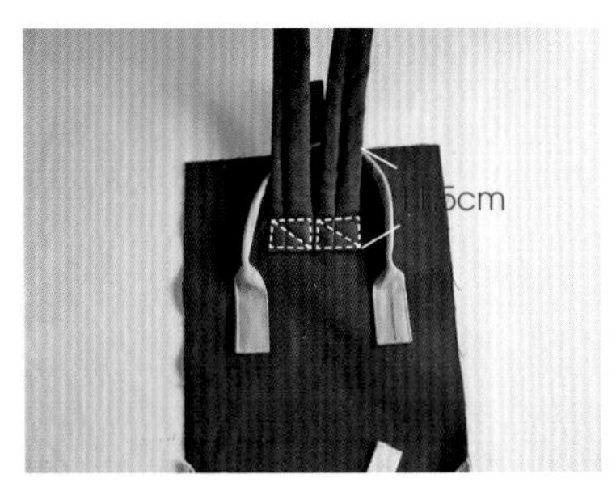

11 將背帶上端無鋪棉處內折4cm，如圖車縫☒字型在後表袋身，留意剛折好的4cm需收攏車合在☒字型線圈中。

12 同裡袋身製作方法，接合兩片表袋身與表側身（可取側邊裝飾布，將兩長邊往中央對折，再上下對折，依個人喜好位置夾車在表袋身與表側身內）。

（五）組合

1 將表袋身翻至正面，套入裡袋身，兩者背面相對，縫份各往內折合1cm，用強力夾沿邊固定，車縫一圈。

2 將下背帶織帶穿入梯形扣環下層，織帶末端往內折合1cm兩次，車縫兩道線固定。

3 翻回正面，找出前扣織帶與袋身相對應位置，打上撞釘磁扣。接著依個人喜好位置，於提把底部打上鉚釘裝飾，完成。

酷炫汪星人三層後背包

「造型時尚討喜，麻雀雖小但五臟俱全呢」

清楚明瞭的多層式收納，東西再多也有條有理；時尚討喜的新造型，怎麼背都有型！

讓可愛又酷酷的汪星人陪你我一起度過愉快的每一天吧！

兩側水壺側袋可放進水
杯或雨傘，好拿好取。

背後拉鍊口袋可放貴重小物，安全有保障。

三層袋身，怎麼放都好放。

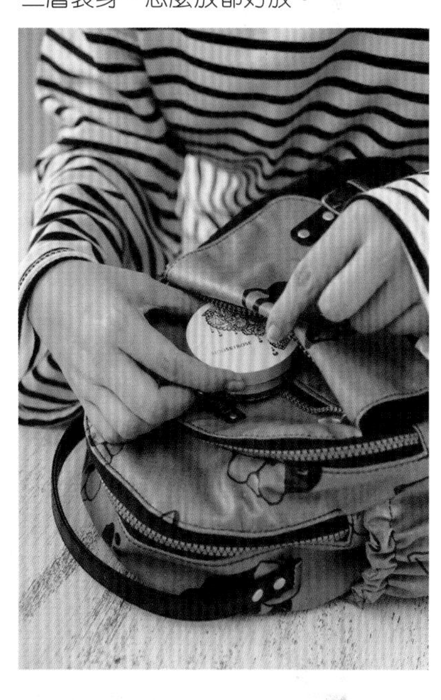

設計：胖咪・吳珮琳

紙型：C面　　尺寸：高30cm×寬24cm×深21cm

裁布表

※ 紙型皆未含縫份，請外加縫份 1cm。 ※ 數字尺寸已含縫份 1cm。

部位名稱	尺寸	數量	備註
前層袋身（立體口袋）			
前口袋	紙型 A	表裡各 1 片	表布（黑）、裡布（銀）
暗袋	↔17×↕30cm	1 片	裡布（銀）
袋蓋	紙型 B	表裡各 1 片	表布（汪）、裡布（黑）
袋身 1	紙型 C 上	1 片	表布（汪）
	紙型 C 下	1 片	裡布（銀）
中層袋身			
袋身 1	紙型 C 上＋C 下	1 片	裡布（銀）
側袋身 1	紙型 D	表裡各 1 片	表布（汪）、裡布（銀）
袋身 2	紙型 E	1 片	裡布（銀）
後層袋身			
袋身 2	紙型 E	表 1 片、裡 2 片	表布（汪）、裡布（銀）
側袋身 2	紙型 F	表裡各 1 片	表布（汪）、裡布（銀）
水壺布	紙型 G	表裡各 2 片	表布（汪）、裡布（銀）
袋底	紙型 H	表裡各 1 片	表布（合成皮革布） ※ 左右側邊不用裁出縫份。 裡布（銀）
拉鍊口袋布 1	↔17×↕30cm	1 片	裡布（銀） ※ 配合 13cm 拉鍊
拉鍊口袋布 2	↔19×↕50cm	1 片	裡布（銀） ※ 配合 15cm 拉鍊
滾邊斜布條	↔4×↕90cm	1 片	布料隨意

配 件

- 調整式皮磁扣：長 10cm×2 組、皮標 ×1 片
- 皮條提把：長 30cm×1 條、皮尾束夾 ×2 個
- 寬 3cm 織帶長 10cm×2 條
- 寬 3cm 織帶長 100cm×2 條
- 寬 3cm 織帶長 20cm×1 條
- 寬 3cm D 型環 ×2 個
- 寬 3cm 日型環 ×2 個
- 寬 3cm 背帶鉤 ×2 個
- 鉚釘數組
- 鬆緊帶長約 40cm
- 5V 定吋塑鋼拉鍊：5 吋 13cm×1 條、6 吋 15cm×1 條、7 吋 18cm×1 條、12 吋 30cm×2 條。

※ 註：可換成 5V 碼裝塑鋼拉鍊替代，「拉頭＋齒長＋上下止長」分別為：13cm×1 條、15.5cm×1 條、18cm×1 條、30.5cm×2 條）

製作方法

(一)製作前層袋身(立體口袋)

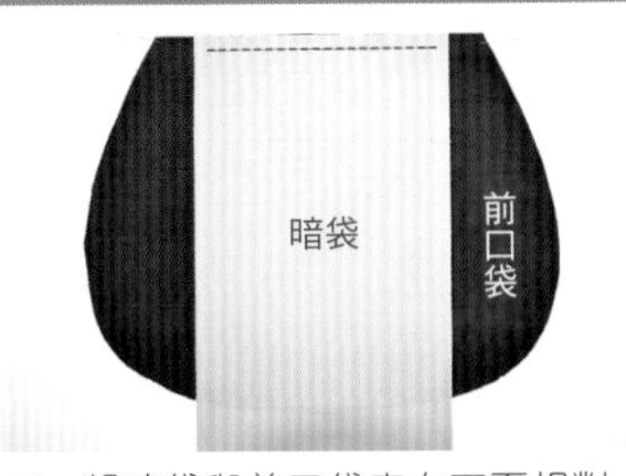

1 將暗袋與前口袋表布正面相對、中央對齊,預留兩側縫份不要車,其餘車縫固定(需回車)。

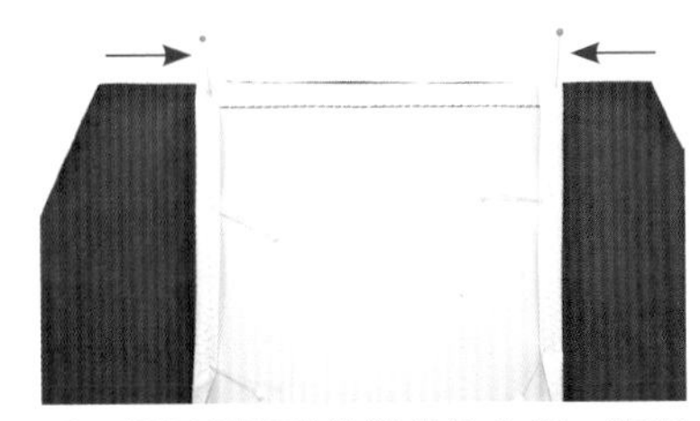

2 將兩側預留的縫份往內折,暫用珠針固定。

3 取袋蓋裡布與前口袋表布正面相對,車合兩側上緣,小心別車到暗袋。

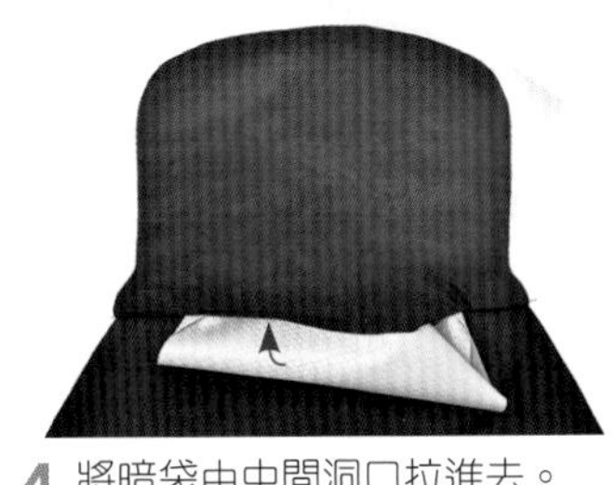

4 將暗袋由中間洞口拉進去。

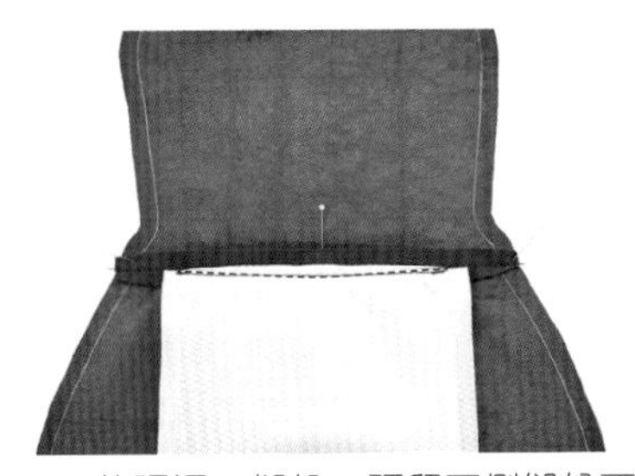

5 整理洞口縫份,預留兩側縫份不要車,其餘車壓一道線(需回車)。

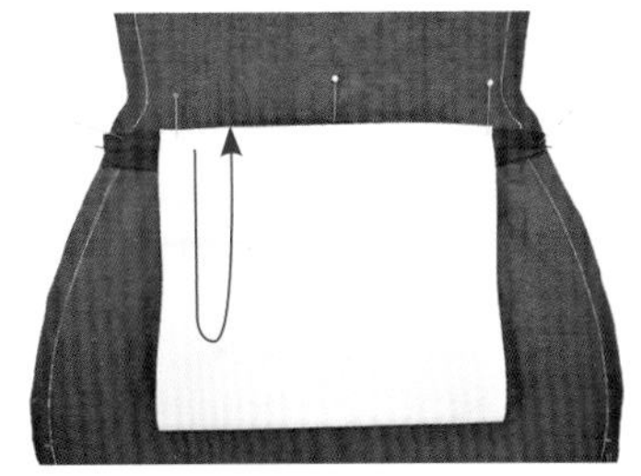

6 刮開接合處縫份,將暗袋往上折,對齊袋蓋的縫份邊緣,暫用珠針固定。

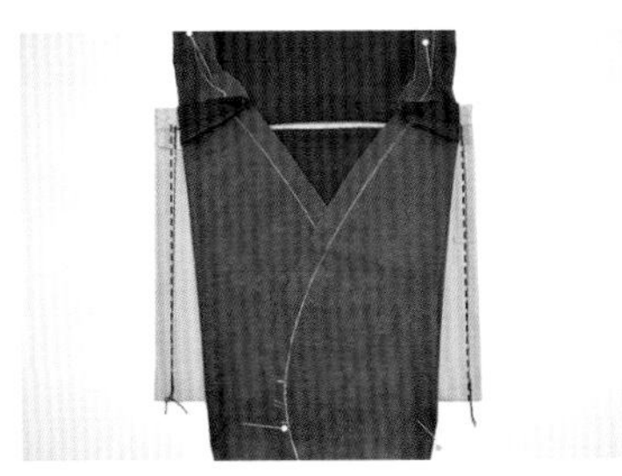

7 如圖將前口袋兩側先往內折,車合暗袋兩側。

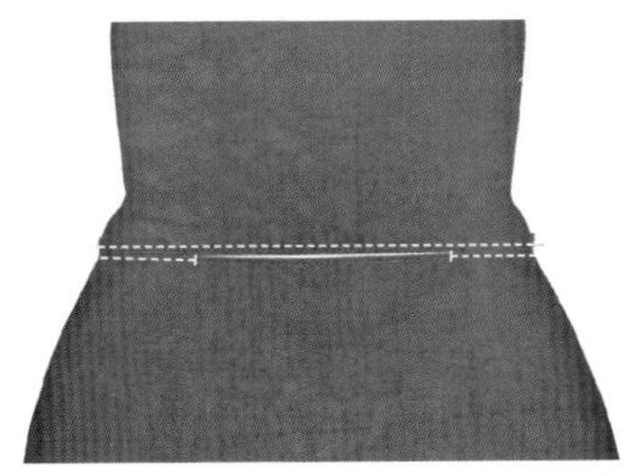

8 如圖車壓縫份,尤其袋口兩端要加強車縫。

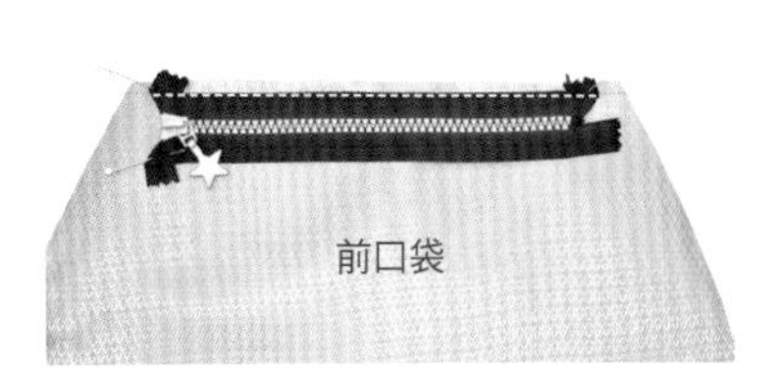

9 取前口袋裡布,將18cm拉鍊背面與其正面相對,置中疏縫。留意拉鍊頭尾布端要往背後折起。

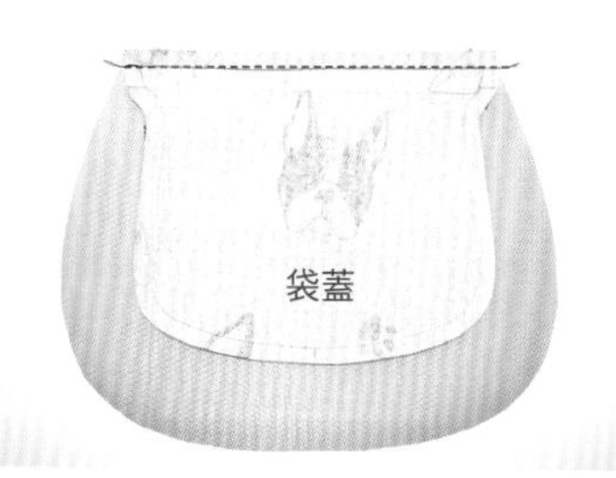

10 再取袋蓋表布，與前口袋裡布正面相對齊，夾車拉鍊。

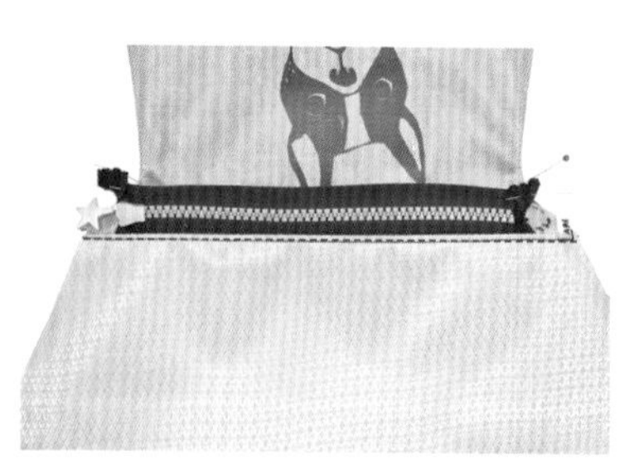

11 翻回正面，將縫份往下倒，壓線固定。

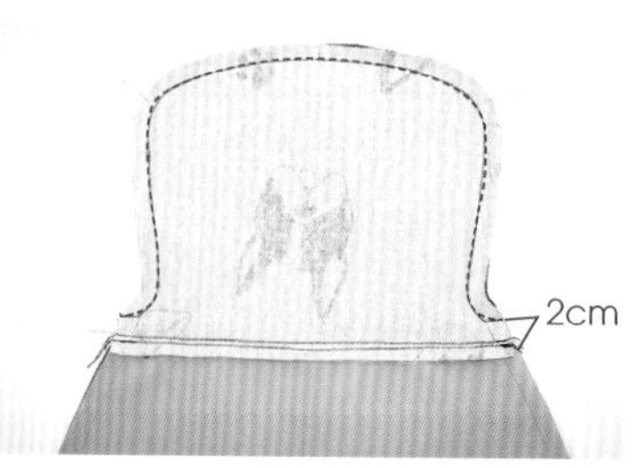

12 將步驟8與11正面相對，車合袋蓋。注意不用車到底，如圖車到袋蓋下緣往上2cm處時，直接順順地車出去即可。

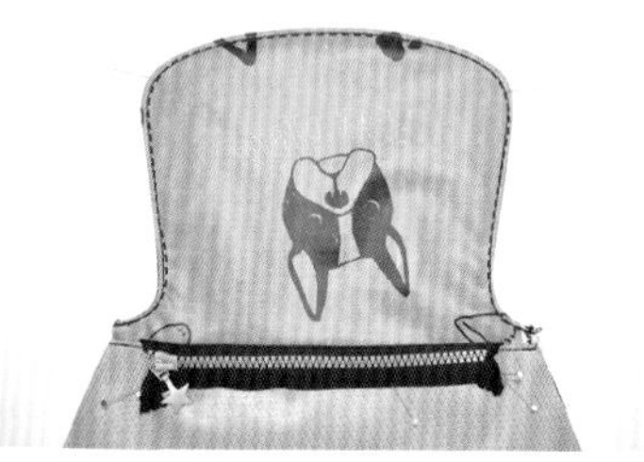

13 將圓弧處縫份剪鋸齒狀，翻回正面並壓線。

14 依紙型標示在前口袋縫上皮扣（母扣）。

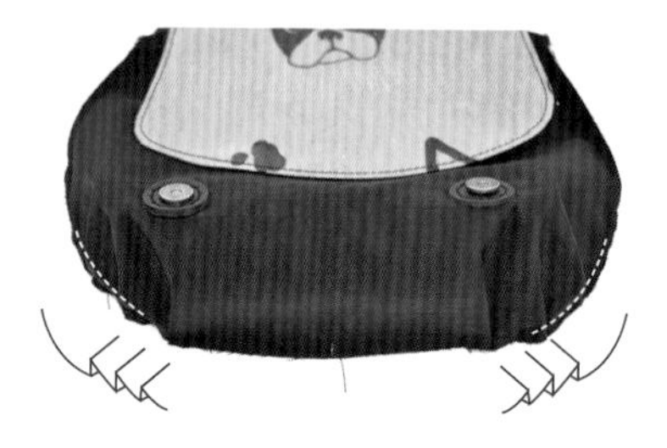

15 依紙型單褶記號打褶，邊緣疏縫起來。

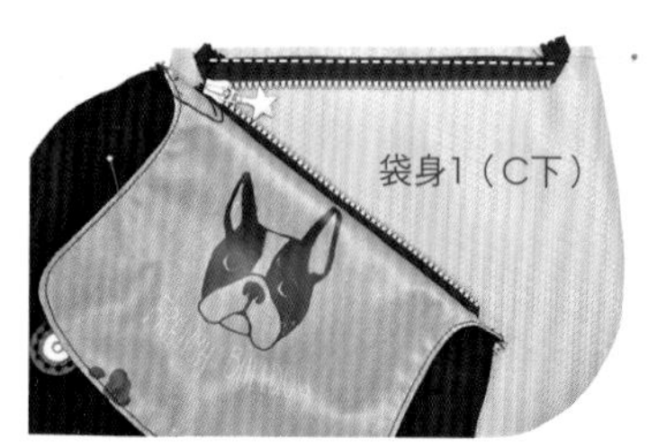

16 同步驟9作法，將18cm拉鍊另一側與袋身1（C下）疏縫固定。

17 疊上袋身1（C上），兩者正面相對，夾車拉鍊。

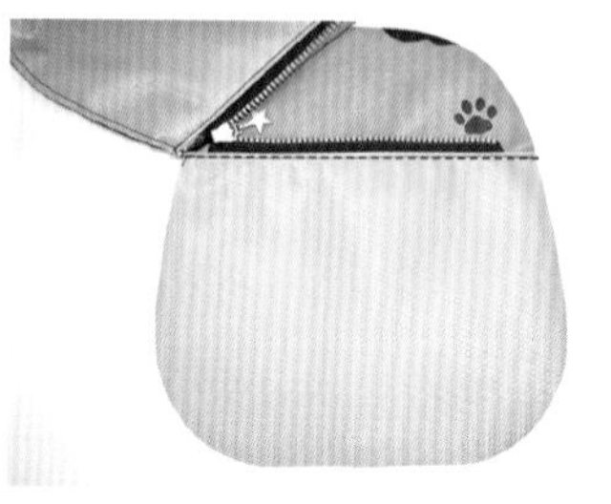

18 翻回正面，將縫份往下倒，壓線固定。

19 將袋蓋、前口袋與袋身1三者對齊，如圖疏縫，完成前層袋身。

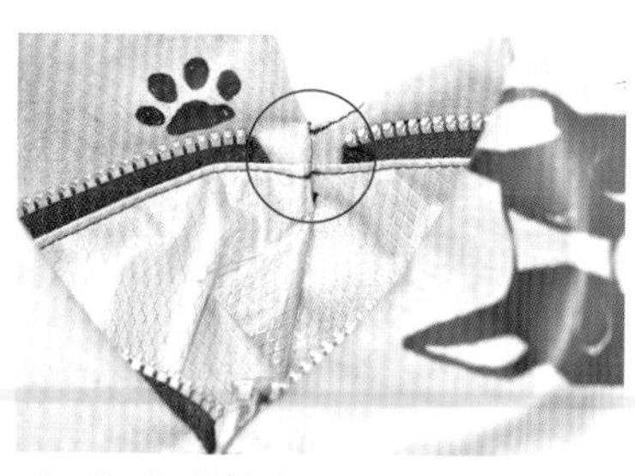

20 記得檢查袋身1（C下）與前口袋上緣需銜接對齊。

（二）製作中層袋身

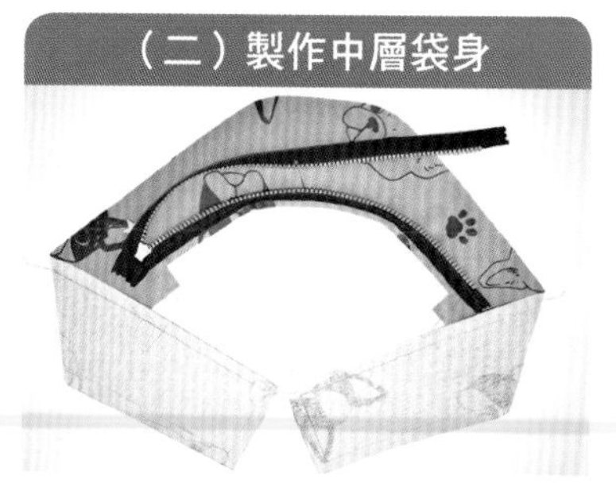

1 取30cm拉鍊擺放在表側袋身1的拉鍊口，兩者正面相對，離邊相距0.5cm疏縫。

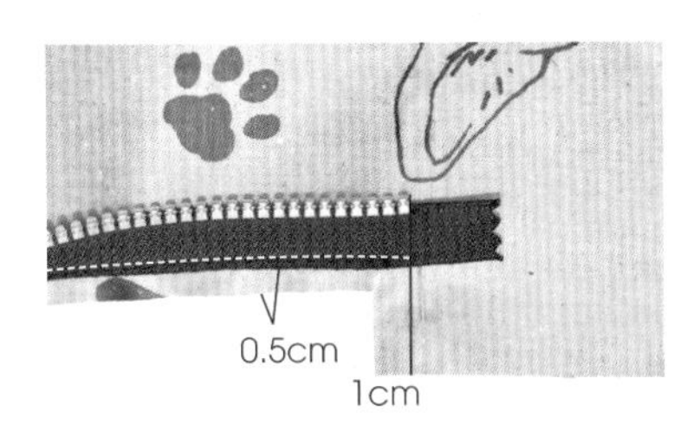

2 留意對齊原則為不要讓拉鍊齒超過縫份1cm，但要盡量靠近。

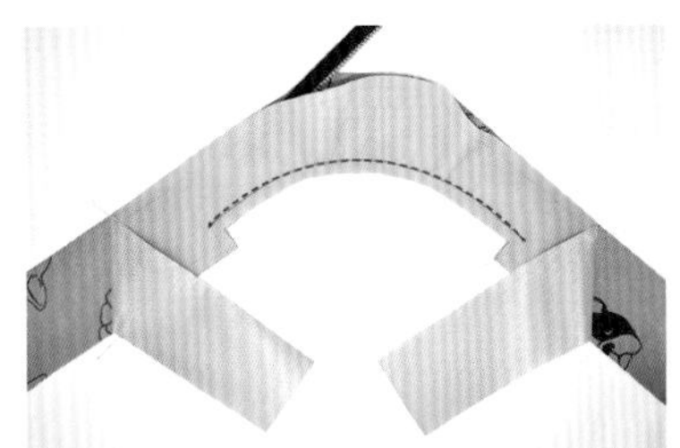

3 側袋身1表裡布正面相對，夾車拉鍊。

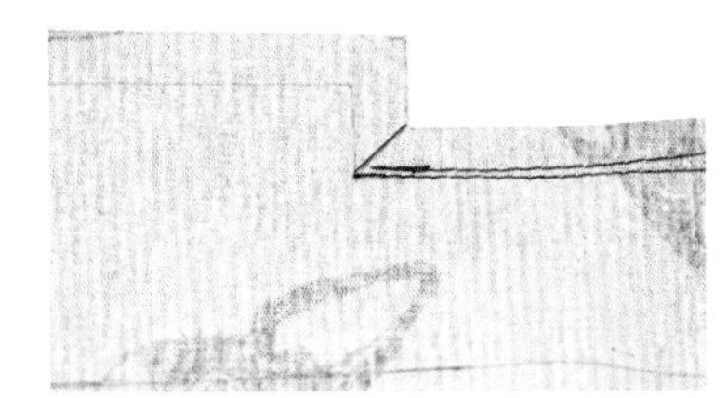

4 轉角處剪一道牙口，小心不要剪到拉鍊布，也別剪破轉角。

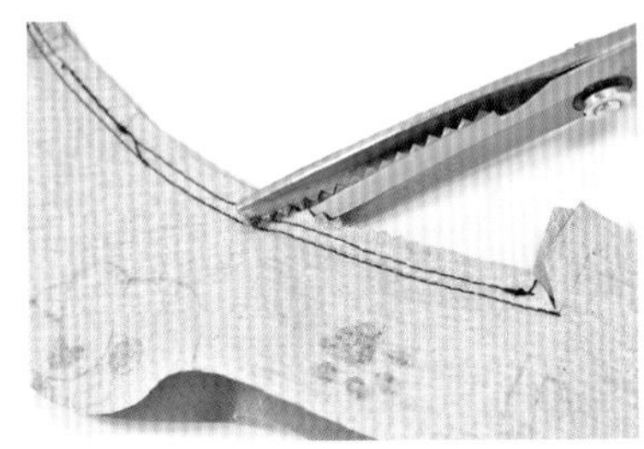

5 將拉鍊口縫份剪鋸齒狀，小心不要剪到拉鍊布。＊步驟2所留0.5cm空間，即可供其剪鋸齒狀。

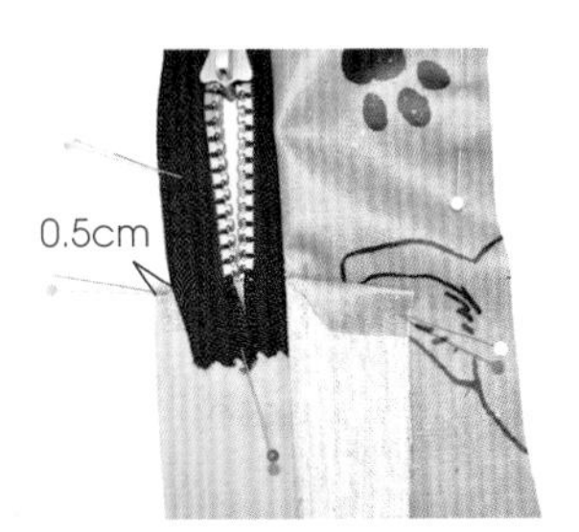

6 翻回正面，將表裡側袋身1拉鍊口縫份往內折入，如圖示會有0.5cm的邊距。

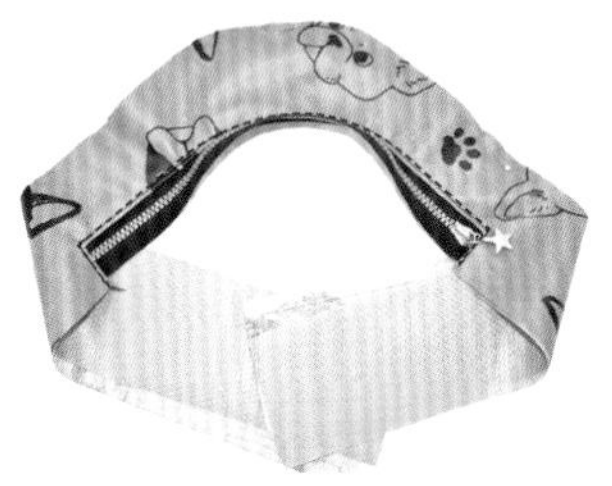

7 將步驟6折好的縫份對齊，更換拉鍊壓布腳，沿邊壓線，車好如圖。

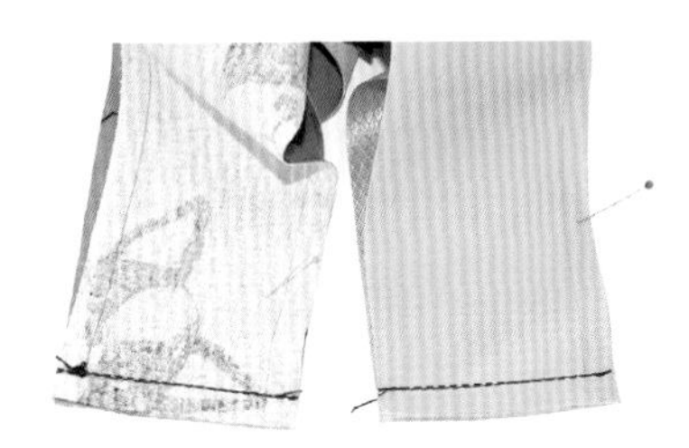

8 表裡側袋身1的兩端布尾，分別正面相對，車合固定。

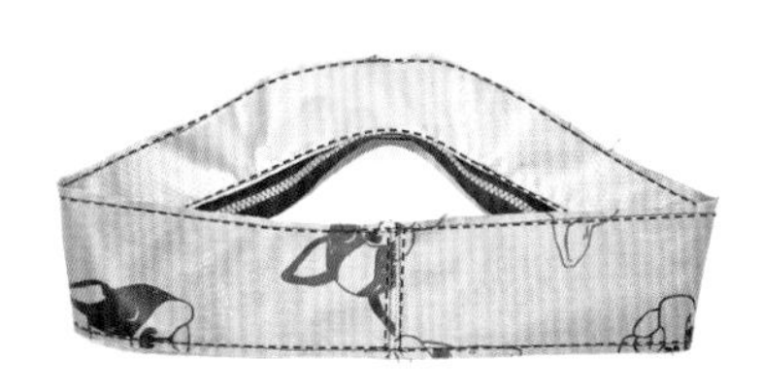

9 接合處縫份倒向不同邊，壓線固定，再將周圍縫份疏縫起來，完成側袋身1。

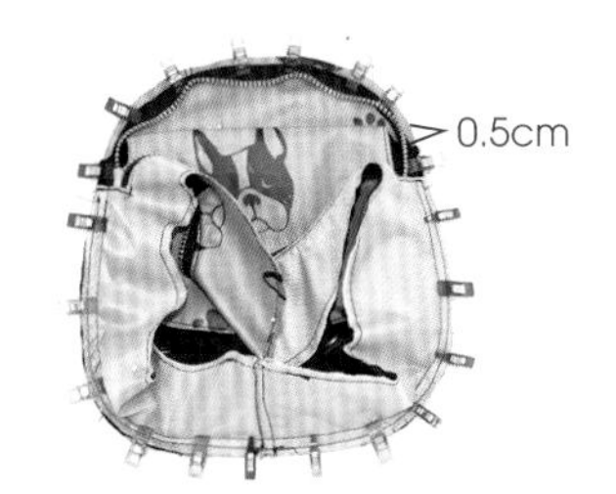

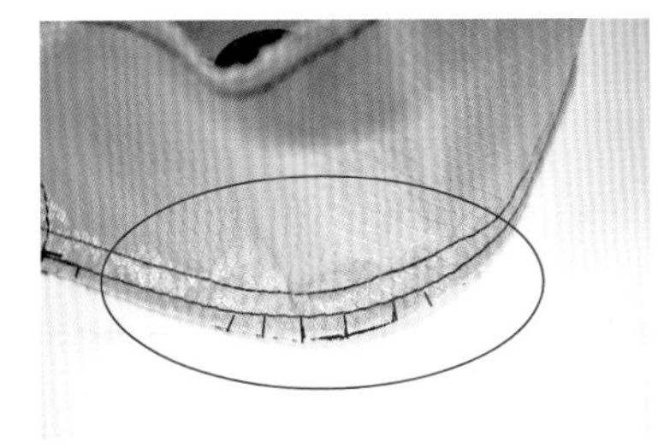

10 側袋身1與前層袋身兩者表面相對，車合一圈。如左圖留意拉鍊與袋身邊距0.5cm。車到轉角處可先剪牙口，以便對齊車縫。

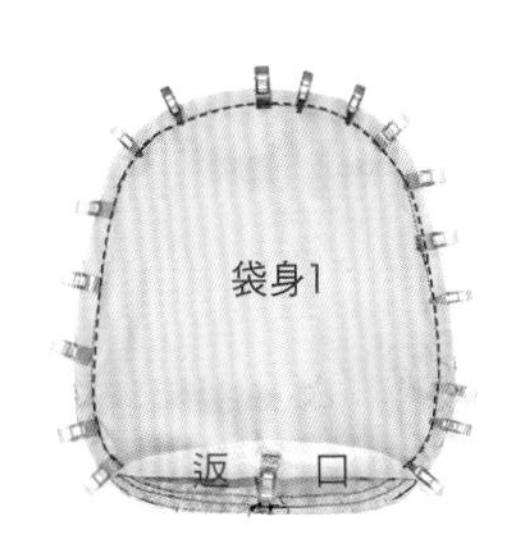

11 取袋身1裡布與步驟10正面相對，底部預留返口，其餘車合固定。

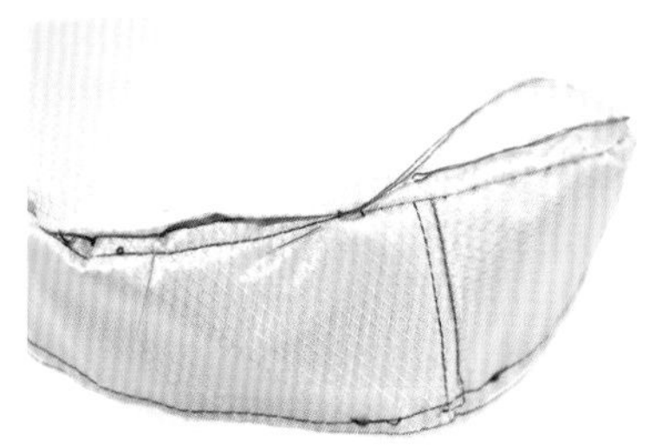

12 將縫份剪鋸齒狀，翻回正面，手縫藏針縫縫合返口。

13 如圖在袋身1正面上方壓線，固定縫份。

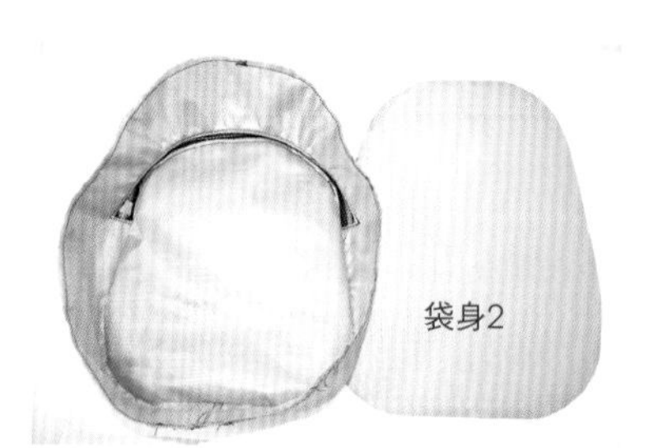

14 取一片袋身2裡布與側袋身1，兩者內裡正面相對。

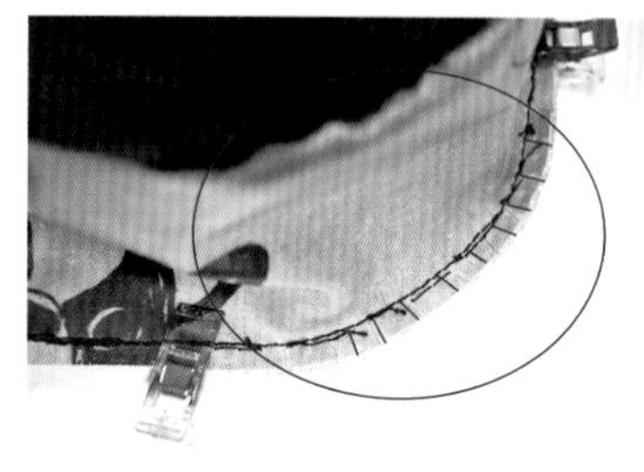

15 沿邊車縫一圈，留意車到轉角處可先剪牙口，以便對齊車縫，完成中層袋身。

（三）製作後層袋身

1 取表裡側袋身2與30cm拉鍊，同側袋身1做法（步驟（二）1～7）車合。

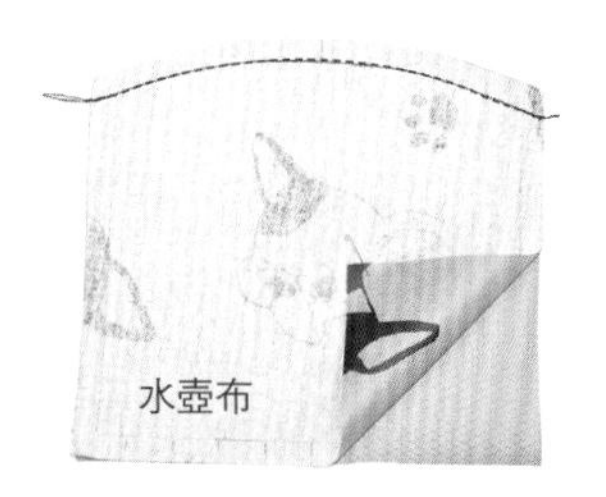

2 表裡水壺布正面相對，車合上緣。縫份剪鋸齒狀後翻回正面。

3 距離上端1.5cm處，車一道固定線，等會用來穿鬆緊帶。

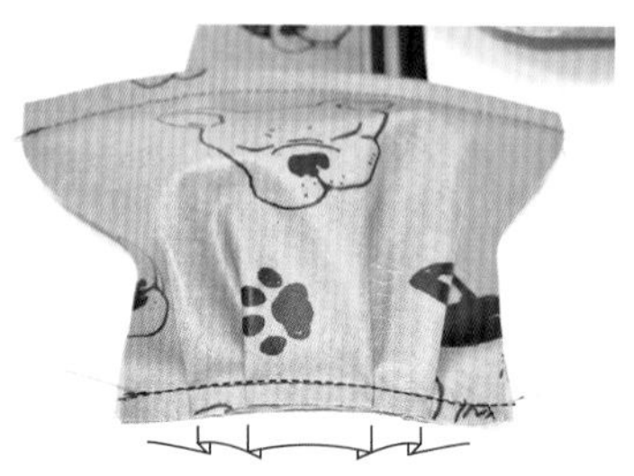

4 依紙型G記號將下緣折好，疏縫在側袋身2表布一側。

5 如圖由右至左穿入鬆緊帶，於左側先車縫固定。

6 將鬆緊帶平均拉好，再車縫右側。同做法接合另一側。

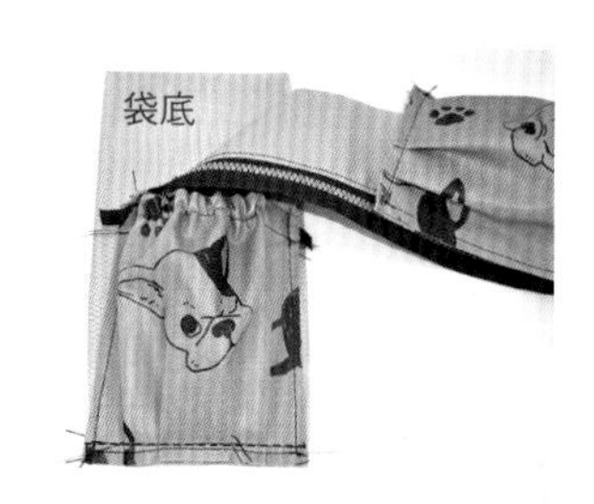

7 將袋底裡布正面與側袋身裡布相對，如圖車合。

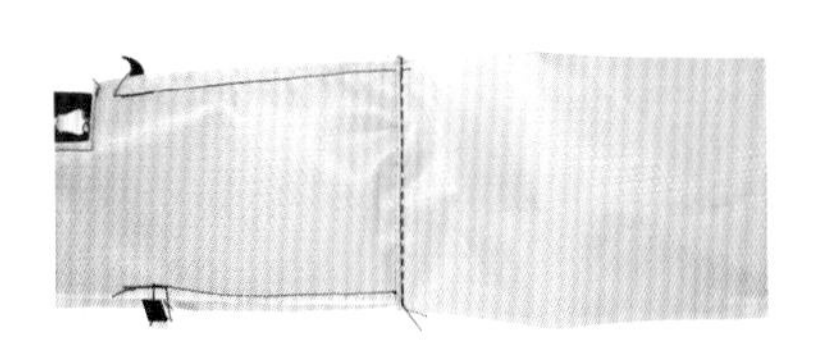

8 翻回正面，在內裡車壓固定線。

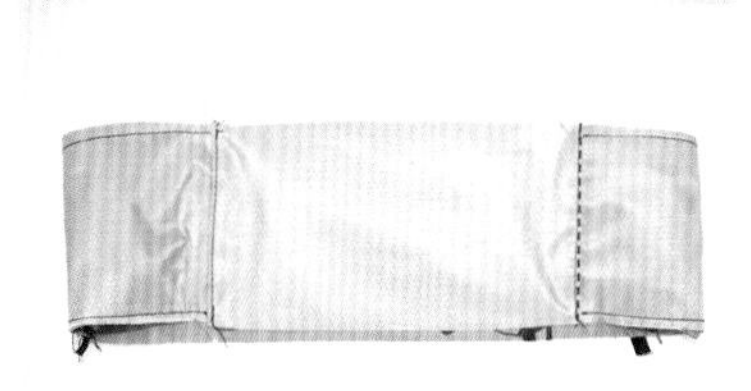

9 同做法車合另一側裡側袋身2。

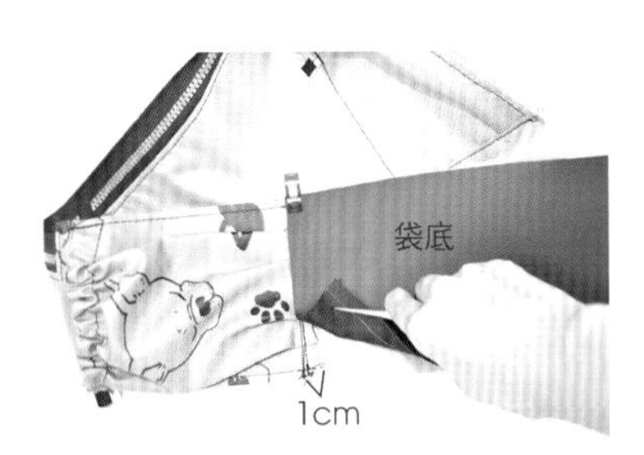

10 表袋底為左右兩側無縫份的合成皮革布，直接對齊水壺布下緣1cm處，以強力夾固定。

11 如圖車縫固定。

12 另一側做法相同，完成側袋身2。

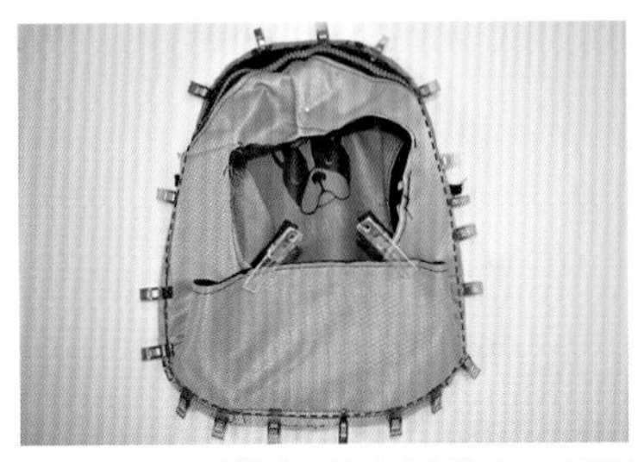

13 將側袋身2與中層袋身正面相對，車縫一圈接合。

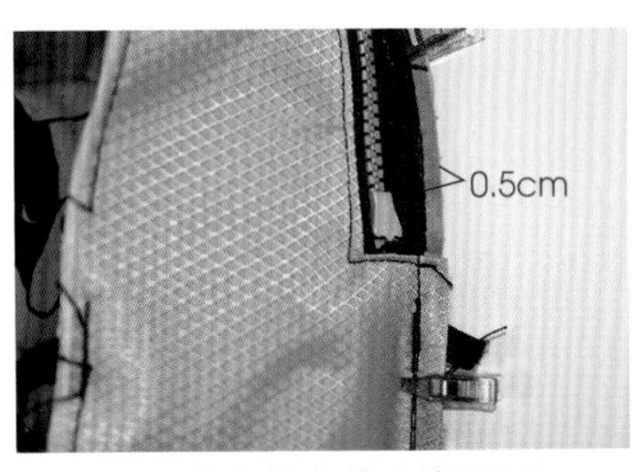

14 留意拉鍊與袋身邊距0.5cm。

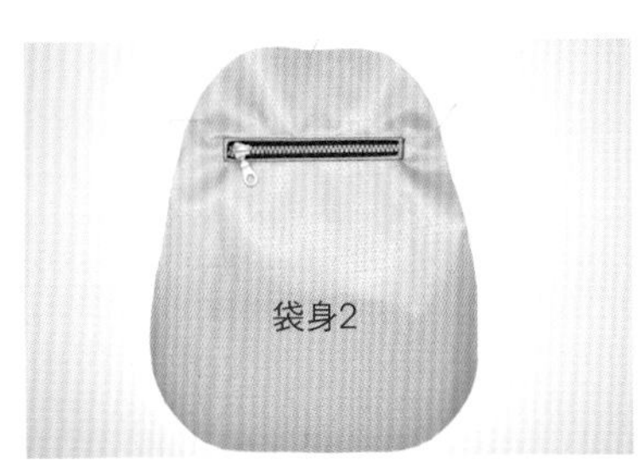

15 取13cm拉鍊與拉鍊口袋布1，依紙型E標示處，於一片裡袋身2製作一字拉鍊口袋。

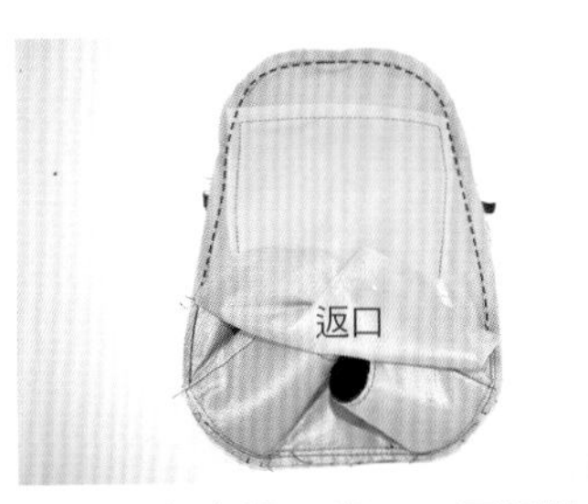

16 將步驟13與15正面相對，車合同一圈，返口預留大一些（因此時包身厚度已不小）。

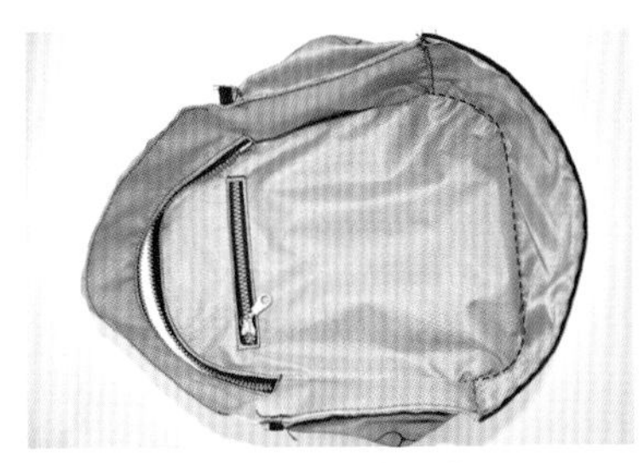

17 縫份剪鋸齒狀，翻回正面，手縫藏針縫縫合返口。

18 如圖車壓固定縫份，只需車拉鍊旁邊即可。

19 取15cm拉鍊與拉鍊口袋布2，依紙型E標示處，於表袋身2製作一字拉鍊口袋。如圖車好會發現右側多出一些口袋布。

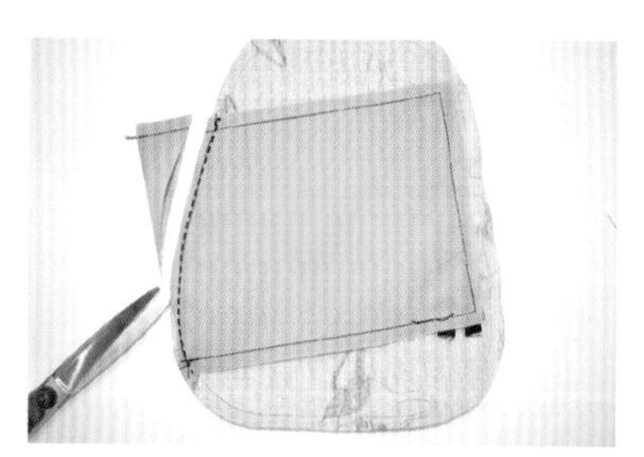

20 翻至背面，沿邊車縫固定，再剪去多餘的口袋布。

21 取兩段10cm織帶，穿過D型環先對折車縫固定。再如圖車縫在表袋身2上。

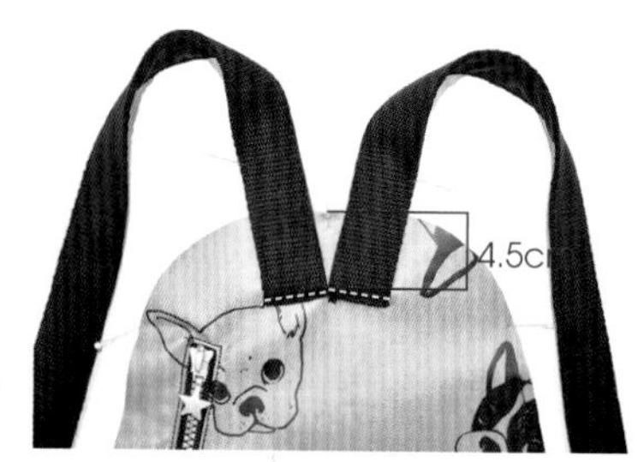

22 取兩段100cm織帶，如圖置中擺成微V型，車縫固定。

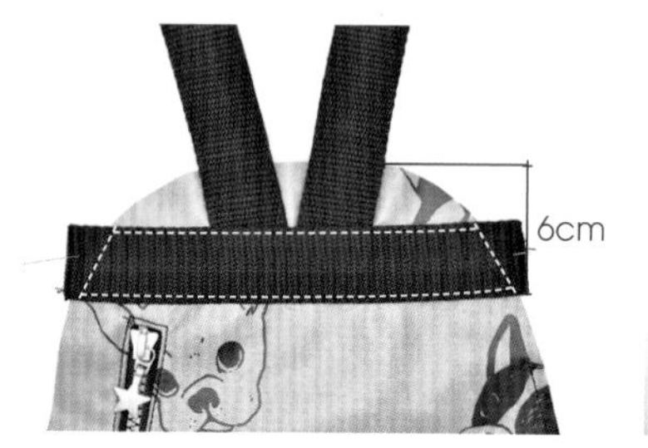

23 再取一段20cm織帶蓋住背帶頭，車縫固定。

24 取一片裡袋身2與步驟23，兩者背面相對，車合一圈。

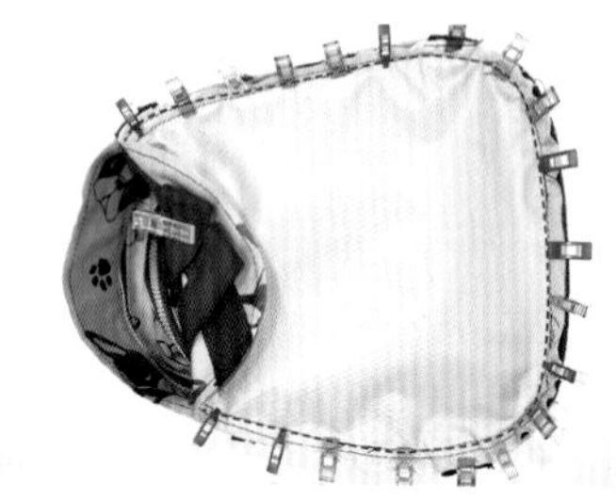

25 接著與步驟18側袋身2尚未車縫的另一端，兩者正面相對，車合一圈。

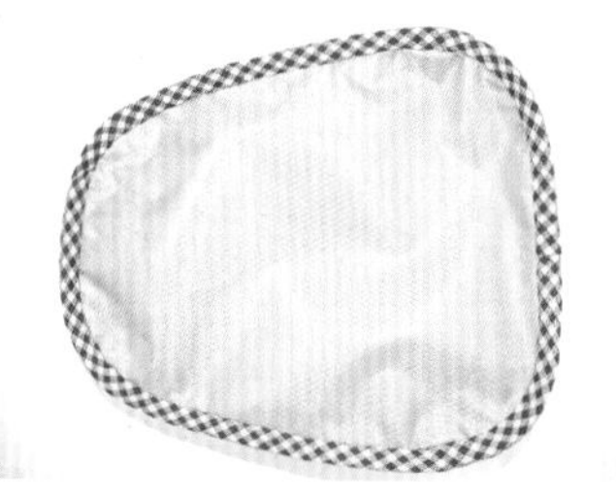

26 取滾邊條包夾縫份，完成後層袋身，翻回正面。

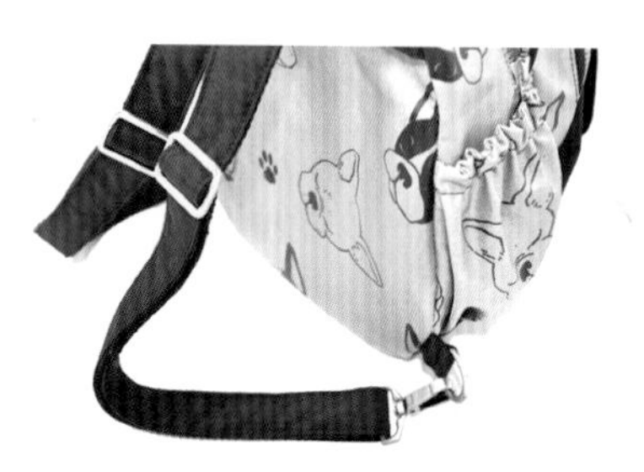

27 取日型環與背帶鉤，將背帶製作完成。

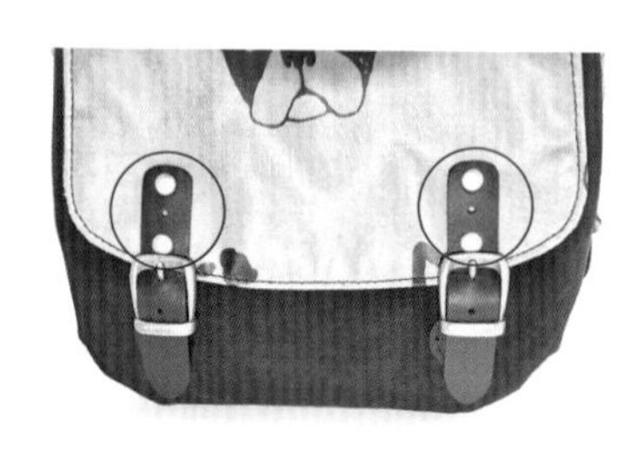

28 在袋蓋上找出相對應位置，釘上另一側皮扣（公扣）。

29 依個人喜好釘上皮標裝飾。

30 將30cm皮條兩端先以皮尾束夾收邊，接著如圖各釘兩個鉚釘，固定在後層袋身上方，完成。

前方暗袋可放置手機或票卡，便利有巧思。

超立體復古箱型後背包

橢圓箱型的主袋身擴展出充足空間不壓迫內容物，簡約就俐落有型，
輕鬆更換素色布及圖案布，就能擁有風格迥異的全新效果。

隱藏式的弧型拉鍊有防盜效
果，提升後背包的安全性。

配合水瓶的尺寸，口袋可隨日型環
聰明調節大小，不晃動更安定。

磁釦口袋方便拿取手機，
多一道掀蓋保護防掉落。

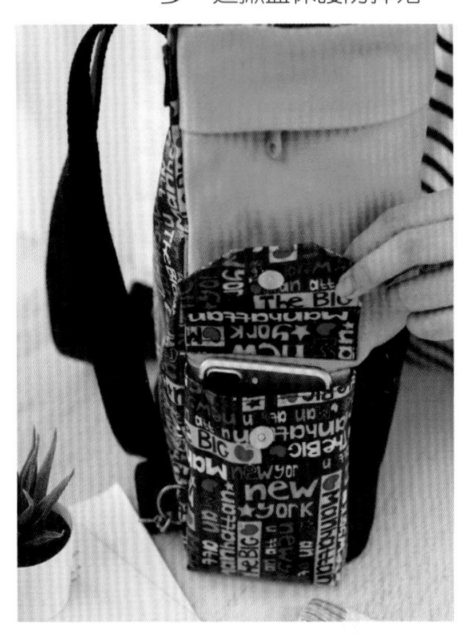

設計：LuLu 彩繪拼布巴比倫

紙型：D面　　尺寸：寬24cm×高33cm×厚13cm

裁布表

※ 除特別指定外，縫份均為 1cm。紙型不含縫份。

部位名稱	尺寸	數量	備註
表布 A1_ 帆布黃	46.5×9cm（含縫份）	1 片	
表布 A2_ 帆布黃	46.5×17cm（含縫份）	1 片	
表布 A3_ 帆布黑	26.5×16cm（含縫份）	1 片	
表布 A4 和 A4'_ 帆布黃	12×17cm（含縫份）	共 2 片	
裡布 B1_ 棉布	46.5×5cm（含縫份）	1 片	
裡布 B2_ 棉布	46.5×17cm（含縫份）	1 片	
裡布 B3_ 帆布黑	26.5×16cm（含縫份）	1 片	
裡布 B5_ 棉布	46.5×17cm（含縫份）	1 片	
水壺袋身 _ 防水布	22×30cm（含縫份）	1 片	
水壺袋底 _ 防水布	7×18cm（含縫份）	1 片	
20cm 拉鍊檔布	粗裁 3.5×5cm	1 片	
35cm 拉鍊檔布	粗裁 3.5×8cm	1 片	
側口袋__防水布	依紙型	1 片	
側口袋袋蓋__防水布	依紙型	1 片	
表布 C_ 防水布	依紙型	共 2 片	
裡布 C_ 棉布	依紙型	共 2 片	燙薄布襯
持手布 _ 帆布黑	24×7cm（含縫份）	1 片	
後背帶固定布__防水布	22×5cm（含縫份）	1 片	
D 環布 _ 防水布	5×5cm（含縫份）	共 2 片	
後背帶連接片 _ 牛皮	依紙型	共 4 片	

配 件

· 20cm 拉鍊 ×1 條
· 35cm 拉鍊 ×1 條
· 窄織帶：寬 2.5cm 織帶共需約 180cm
· 寬織帶：寬 3.2cm 織帶長共需約 200cm
· 寬 2.5cm 日型環 ×3
· 寬 2.5cm 問號鉤 ×2
· 寬 2.5cmD 型環 ×2
· 寬 2.5cm 包邊人字帶或薄織帶約需長 180cm
· 撞釘磁釦 ×1 組
· 薄布襯

製作方法

（一）拉鍊口袋的製作

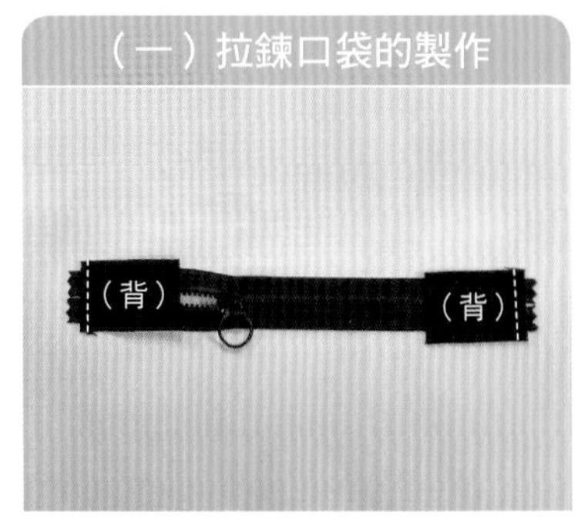

1 取長20cm拉鍊，拉鍊兩端分別和檔布正面相對縫合。

2 檔布翻至正面，縫份倒向外側並壓車臨邊線，然後，修剪檔布與拉鍊同寬。

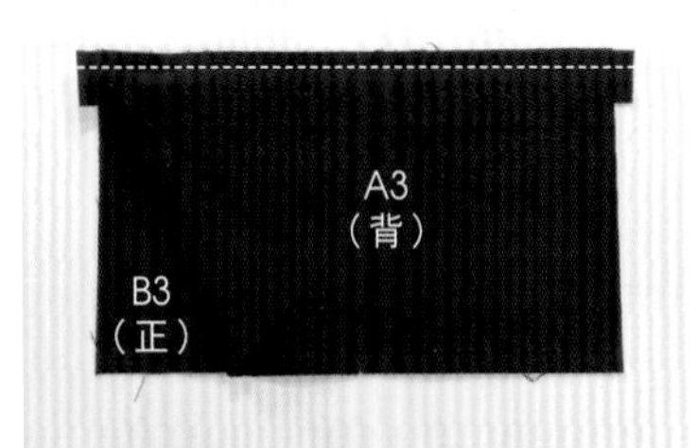

3 A3和B3夾車拉鍊（拉鍊和A3呈正面相對）。

4 B3翻至A3背面，沿拉鍊旁壓車一道臨邊線。以上，備用。

（二）水壺袋的製作

1 水壺袋底布對折，車縫兩側，如圖。

2 翻回正面，兩側車縫臨邊線，準備和水壺袋身布縫合。

3 袋身布對折，下邊夾車水壺袋底布，注意置中。

4 翻回正面，袋身布上下邊分別壓車一道臨邊線。

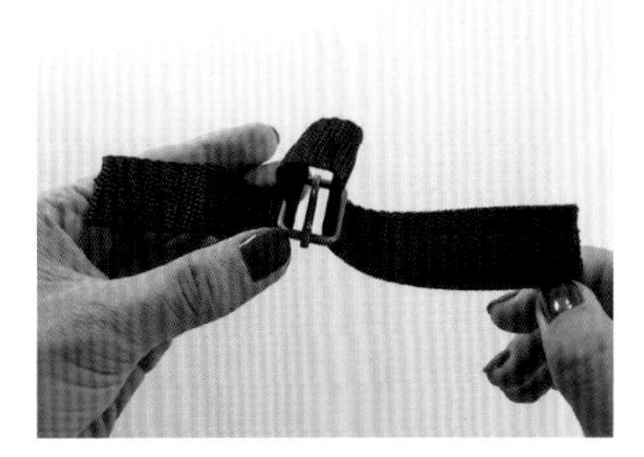

5 寬2.5cm織帶取長約22cm，如圖，穿入日型環。

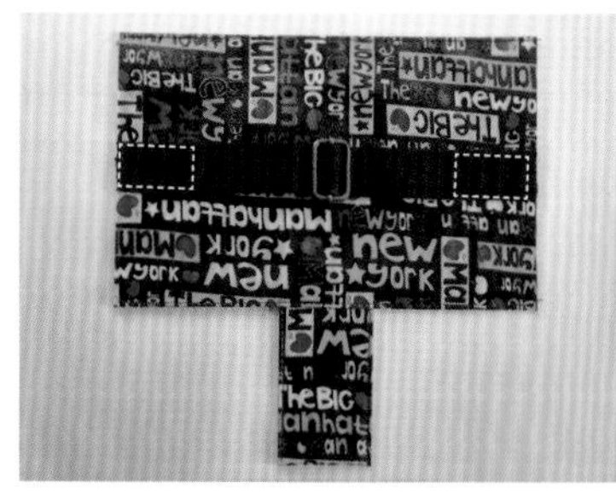

6 車縫織帶兩端（車縫成矩形）固定於水壺袋身兩側。

7 另取寬2.5cm織帶長約18cm，一端折三折並壓車二道直線固定。

8 將第二條織帶穿入第一條織帶上的日型環，穿出之後與第一條織帶左端粗縫固定。以上，完成水壺袋的製作。

（三）水壺袋和表布A4'的組合

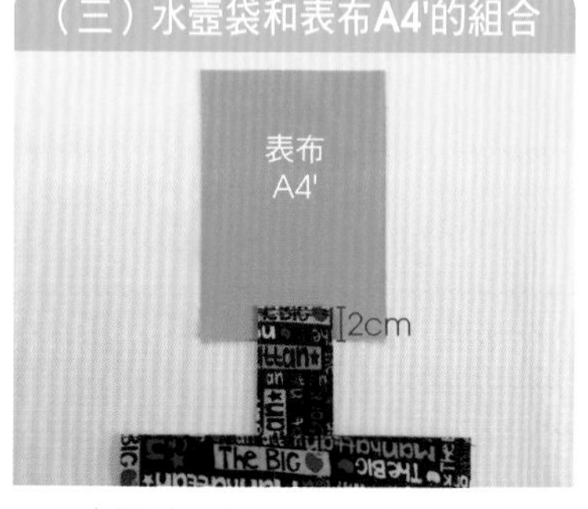

1 步驟（二）正面朝下，車縫水壺袋底二道直線固定於表布A4'適當位置，注意置中。

2 水壺袋往上翻，兩側粗縫固定。

（四）側口袋的製作以及和表布A4的組合

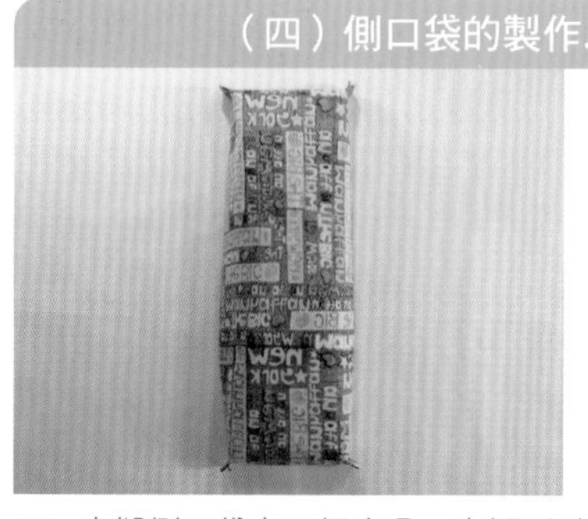

1 車縫側口袋布四個夾角。車縫到點即止，不要車縫過點。

2 往下對折，夾角兩兩對齊（夾角縫份攤開），上邊折雙處壓車一道臨邊線，U形邊粗縫固定。至此完成側口袋。

3 側口袋U形邊粗縫固定於表布A4，注意置中。

（五）水壺袋、拉鍊口袋和側口袋的組合

1 步驟（三）車縫於拉鍊口袋右邊。

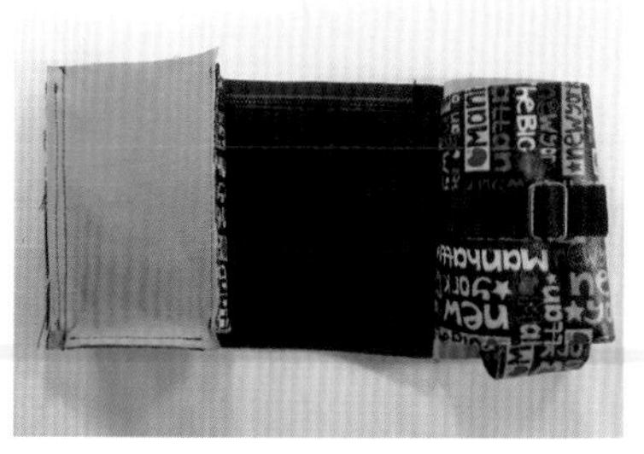

2 步驟（四）車縫於拉鍊口袋左邊。

（六）主袋口（含A1、A2）的製作

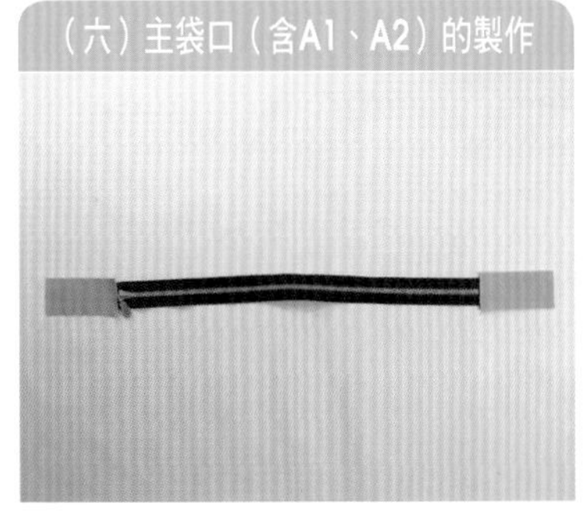

1 參考步驟（一）1～2，取長35cm拉鍊，兩端車縫檔布並壓車。

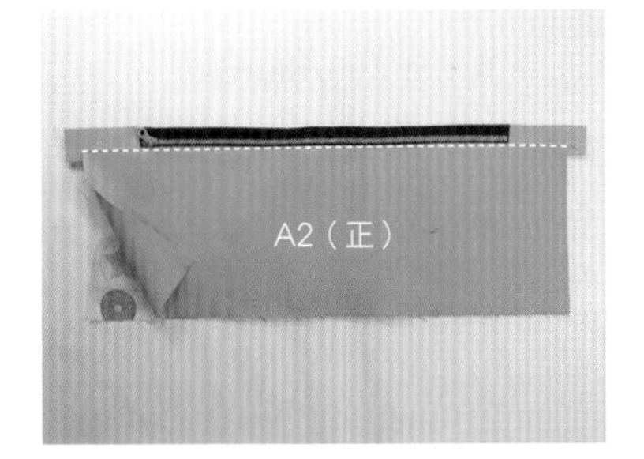

2 表布A2和裡布B2正面相對夾車拉鍊下邊，翻至背面相對並壓車臨邊線。裡布B2可依喜好先行縫製內裡口袋。

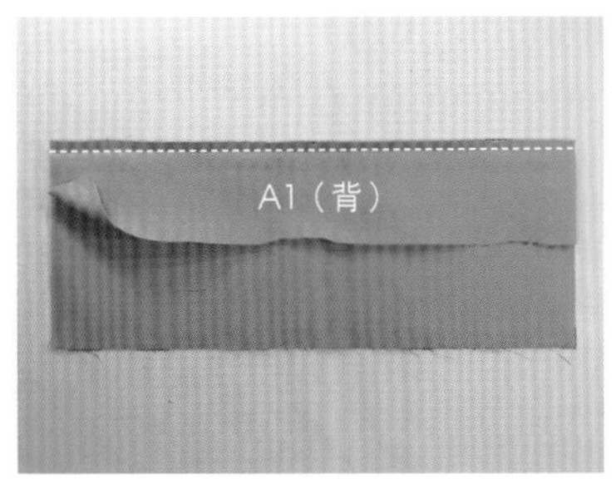

3 表布A1和裡布B1夾車拉鍊上邊。

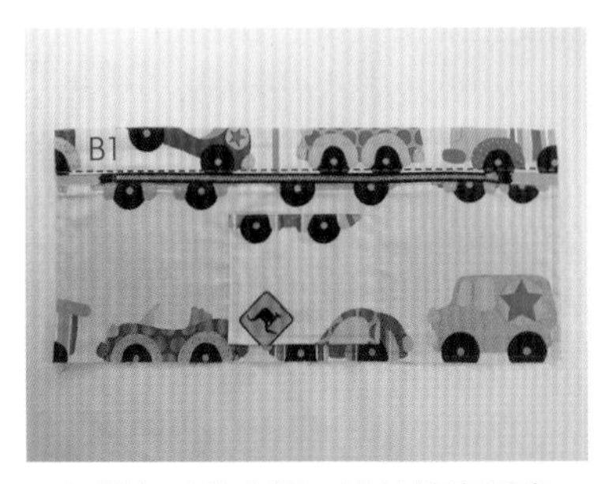

4 裡布B1往上翻，沿拉鍊旁壓車一道臨邊線。

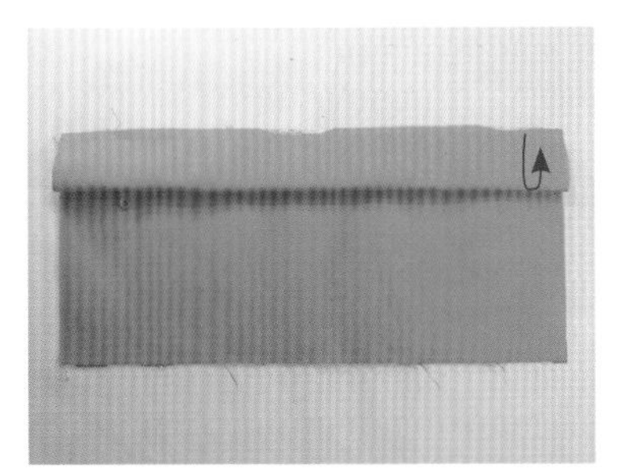

5 表布A1往上翻，使A1上邊和裡布B1上邊對齊，並順平折平如圖。

（七）本體的組合

1 步驟（五）和裡布B5夾車步驟（六）下邊。

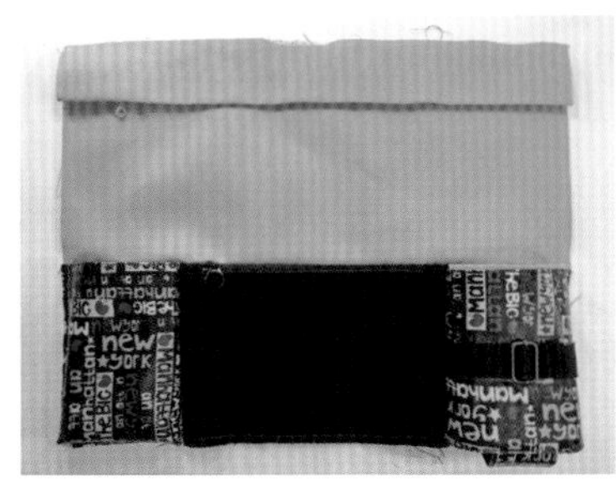

2 翻回正面，縫份倒向下，成為本體一整片。

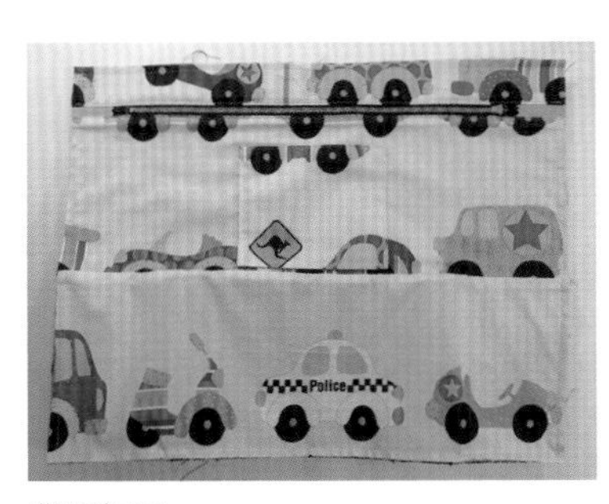

背面如圖。

3 拉鍊口袋兩側的縫份是倒向外側的，確認縫份倒向，分別做一道落針壓車。

（八）側口袋袋蓋的製作

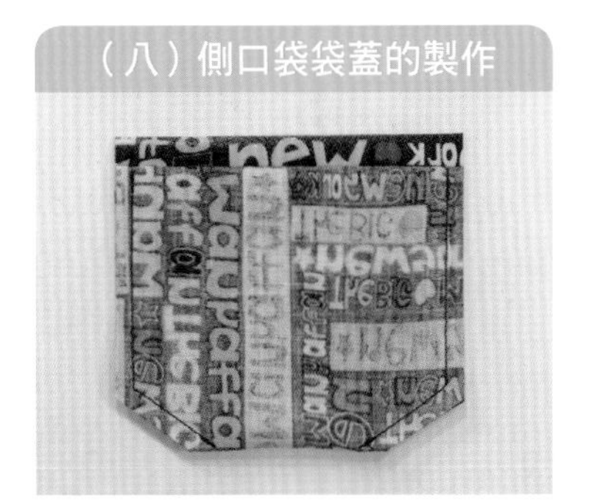

1 袋蓋如圖對折並縫合。

2 袋蓋翻回正面，U形邊壓車臨邊線。接著，將完成的袋蓋車縫固定於側口袋上方適當位置。

3 袋蓋往上翻，壓車一道直線。然後，袋蓋／袋口分別釘上磁釦公／母釦。

4 磁釦位置如圖所示。

（九）後背帶的製作

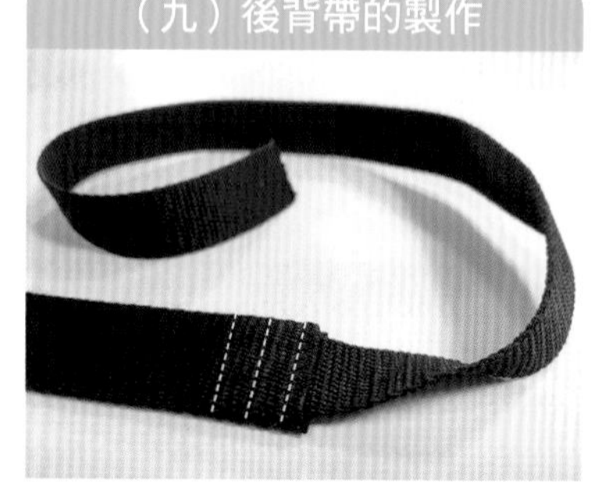

1 取寬3.2cm長50cm織帶二條以及寬2.5cm長55cm織帶一條。將窄織帶一端約3cm長度夾入二條寬織帶內，車縫三道線固定。

2 窄織帶穿入日型環→穿入問號鉤→穿回日型環→折二折車縫二道線固定。共完成二條後背帶。

（十）表／裡布C的製作

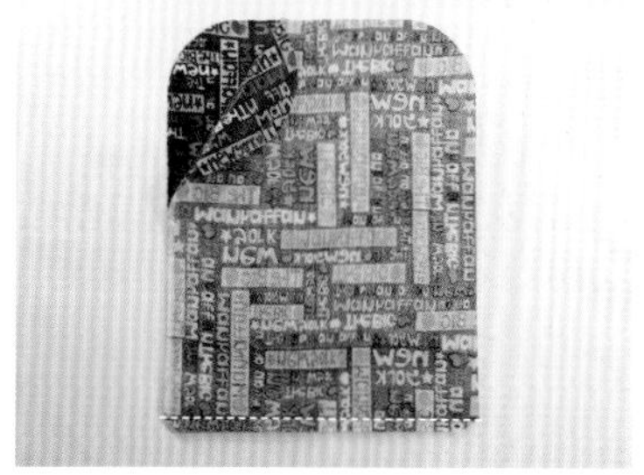

1 表布C二片接縫。

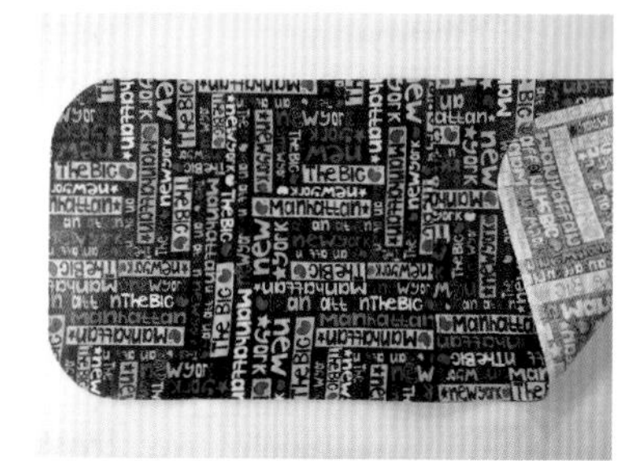

2 縫份攤開並壓車，完成表布C一整片。

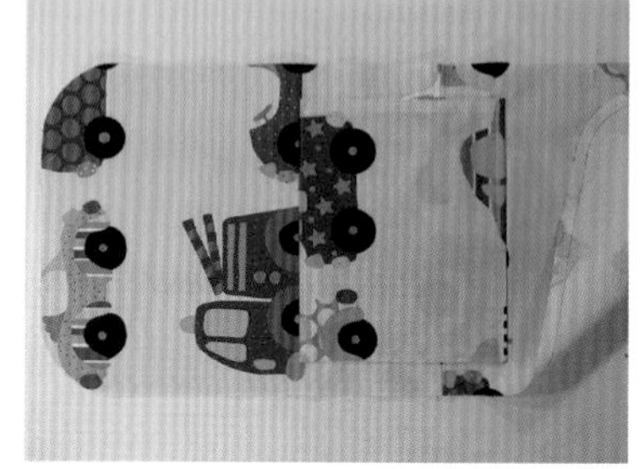

3 同法，裡布C二片接縫成一整片，縫份攤開並壓車，可依喜好縫製內裡口袋。

（十一）持手的製作

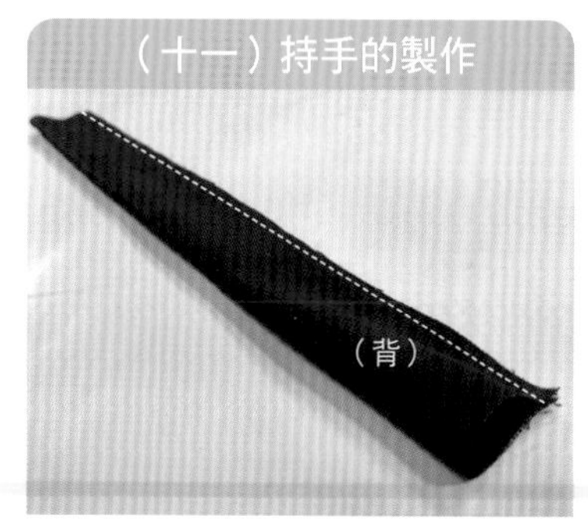

1 持手布對折車縫成管狀，車縫縫份0.5cm。

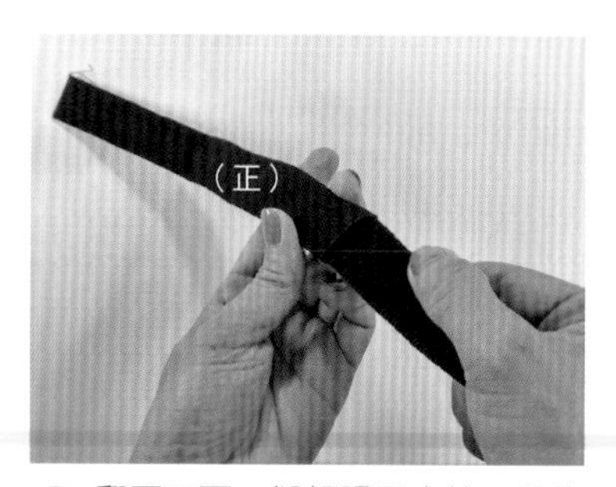

2 翻至正面，縫份調至中線，然後穿入寬2.5cm長19cm的織帶。

3 持手布比織帶稍長，所以，織帶兩端多餘的持手布需對稱等長。調整好之後，兩側壓車臨邊線，中間再壓車二道直線。

4 持手布端先折入，然後依紙型標示位置，車縫固定持手。

（十二）D環布的製作

1 D環布兩側往中線折入，可先以骨筆壓出折痕，再壓車四道直線，如圖，共需完成二片D環布。

2 將D環布穿入D環並對折，粗縫固定於紙型標示位置。

（十三）後背帶的固定與裡布C的組合

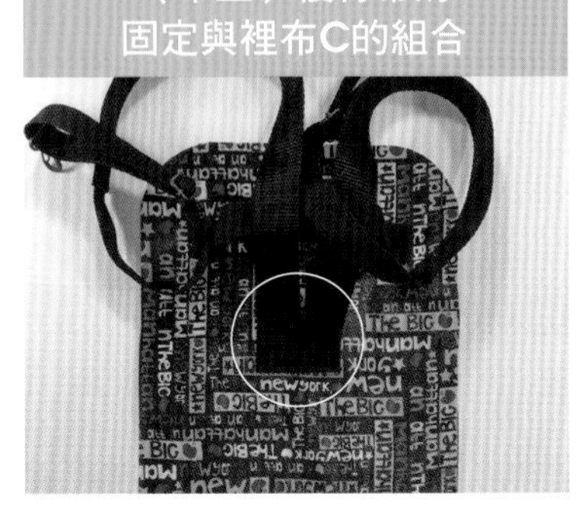

1 將後背帶車縫於紙型標示的後背帶固定布位置中央處。

2 後背帶固定布短邊兩端縫份先折入1cm。車縫固定布下邊，如圖。

3 固定布往上翻，沿著四周壓車臨邊線。

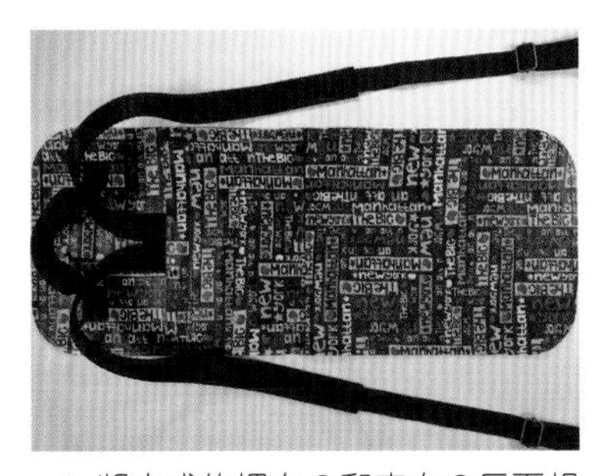

4 將完成的裡布C和表布C反面相對對齊，周圍粗縫固定。

（十四）全體的組合

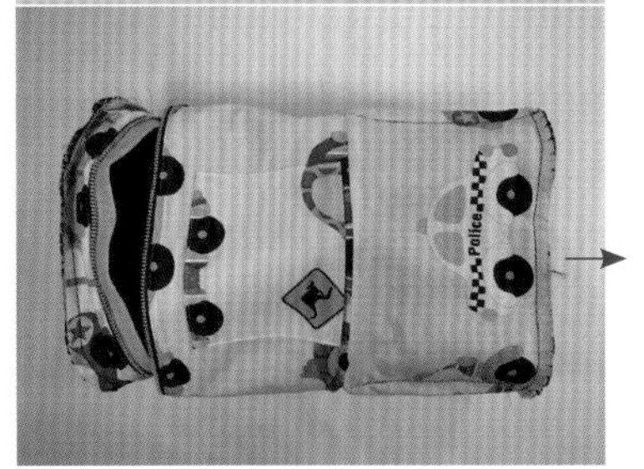

1 步驟（十三）和本體縫合，前面如圖。

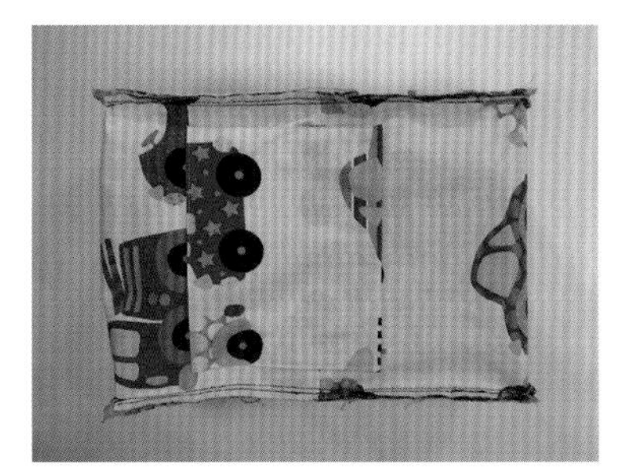

後面如圖。

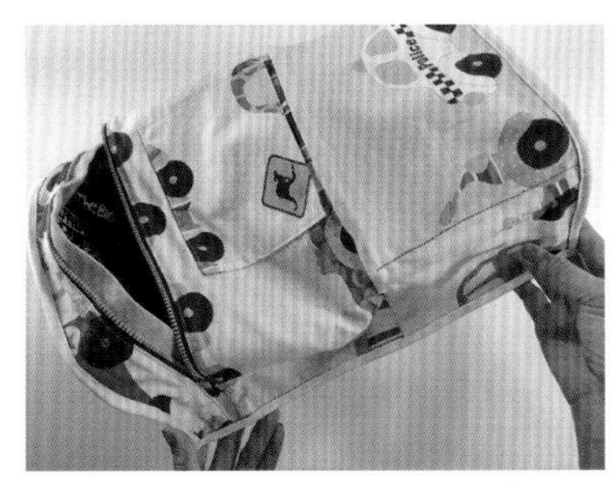

2 縫份以人字帶或薄織帶包邊。

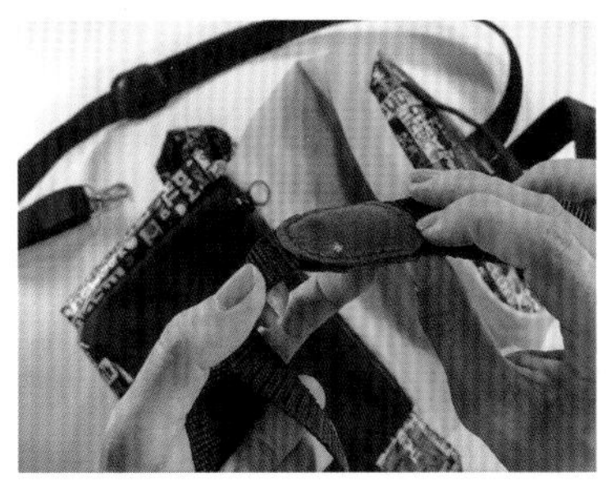

3 後背帶寬窄織帶連接處，以二片牛皮包覆對貼並縫固定。完成╰（*'︶`*）╯

好心情25cm醫生口金後扣背包

獨特的打版設計，展現醫生口金包的另一種直式版型風格，
超有型又典雅，又能展現活潑的氣息。

從正面延伸至背面的後扣式絆釦，大大提高了後背時的安全感。

背面一字拉鍊口袋用來放手機、護照等貴重物品，加倍安心。

開口超寬敞的醫生口金包，好收好拿總是特別受到喜愛。

設計：兩個春天創作坊－烏瑪

紙型：D面　　尺寸：寬28cm×高32cm×厚11cm

裁布表

※ 紙型不含縫份，除特別標示外，製作時請加縫份 1cm。數字尺寸已含縫份。（單位：cm）

部位名稱	尺寸	數量	襯	數量	備註
表袋身					
前表袋口袋（表－棉布） （裡－薄防水布）	紙型 A	1 1	厚襯、薄襯	各 1	★厚襯不含縫份，薄襯含縫份
前上表袋身（肯尼布）	紙型 A1	1	★後中表袋身 A4 先燙薄布襯 ★特殊襯依據「紙型 A5」剪裁 2 片		
後上表袋身（肯尼布）	紙型 A3	1			
後中表袋身（棉布）	紙型 A4	1			
前、後下表袋身（肯尼布）	紙型 A2	2			
側表袋身（肯尼布）	紙型 B	2	★表袋底「紙型 B1」底中心摺雙剪裁 1 片 ★特殊襯以「紙型 B2」底中心摺雙剪裁 1 片		
表袋底（肯尼布）	紙型 B1	1			
下背帶絆布（肯尼布）	→13×↑13	1	X		
前口金布（短）（肯尼布）	→8×↑41	1	特殊襯→6×↑39	1	
後口金布（長）（肯尼布）	→8×↑43	1	特殊襯→6×↑41	1	
提把布（肯尼布）	→7×↑26.5	1	特殊襯→2×↑24	1	
後表袋拉鍊口袋布（防水布）	→21×↑40	1	×		
織帶裝飾布	→6×↑4	4	×		
下背帶掛耳布	→4.5×↑9	2	薄布襯→4.5×↑9	2	
裡袋身					
前、後裡袋身（防水布）	紙型 A5	2	×		
裡側身袋底（防水布）	紙型 B2	2	★特殊襯以「紙型 B2」底中心摺雙剪裁 1 片		
拉鍊口袋布（防水布）	→24×↑40	1	×		
開放口袋布（防水布）	→17×↑32	1	×		
iPad 口袋布（防水布）	→20×↑22	2	×		
iPad 口袋絆布（防水布）	→11.5×↑12	1	×		

用布

1. 表布圖案布－棉布 2 尺　2. 配布－肯尼布 2 尺　3. 裡布－防水布 2 尺　4. 口袋布－薄防水布 2 尺

配 件

- 25cm 醫生口金 1 組（★每家廠商的尺寸略有差異，製作前可先量尺寸）
- 日型環 3.8cm 2 個、問號鉤 3.8cm 4 個、D 型環 2.5cm 3 個／ 2.0cm 2 個
- 織帶 3.8cm 7 尺
- 3V 塑鋼拉鍊 15cm ／ 18cm 各 1 條
- 插釦 1 組
- 仿皮革掛耳 3 組
- 鉚釘 8mm×6mm 30 組、8mm×8mm 9 組、8mm×10mm 2 組
- 魔鬼氈 2.5cm 寬／ 5cm 長 1 片

製作方法

（一）製作提把

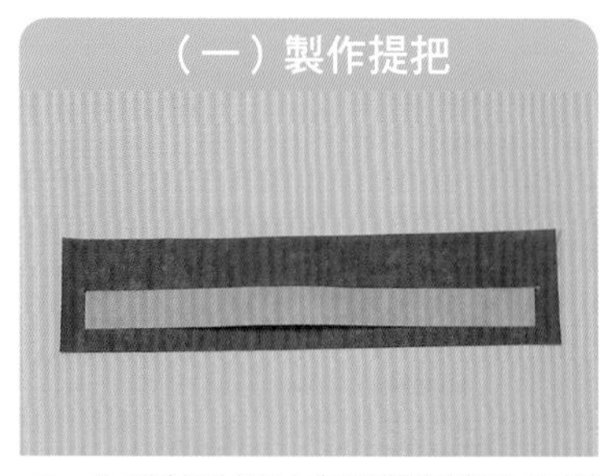

1 先將特殊襯以布用雙面膠黏在提把布的背面，置於長側中心線下側、左、右置中，四周往內摺1cm，回正面疏縫0.7cm。

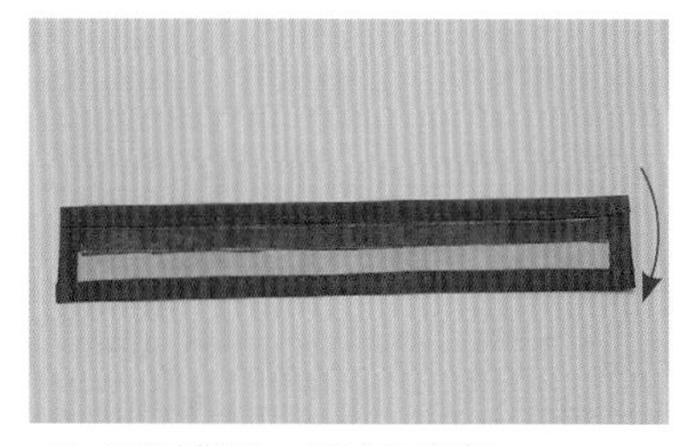

2 回到背面、再往下對摺。

3 四周車縫固定一圈，完成提把。

（二）製作背帶

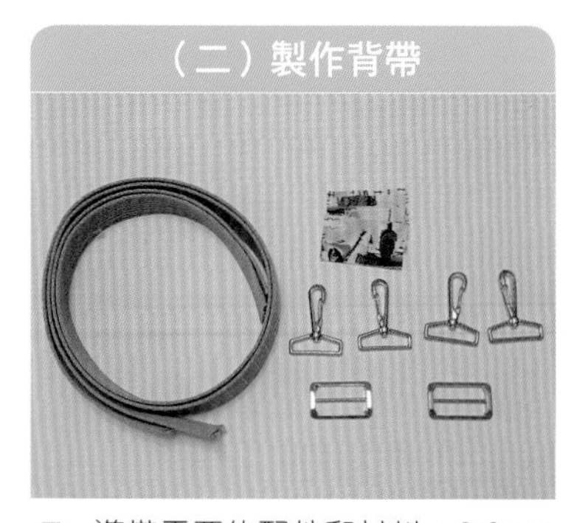

1 準備需要的配件和材料：3.8cm問號鉤4個、3.8cm日型環二個、3.8cm織帶裁剪100cm／2條、織帶裝飾布／4片。

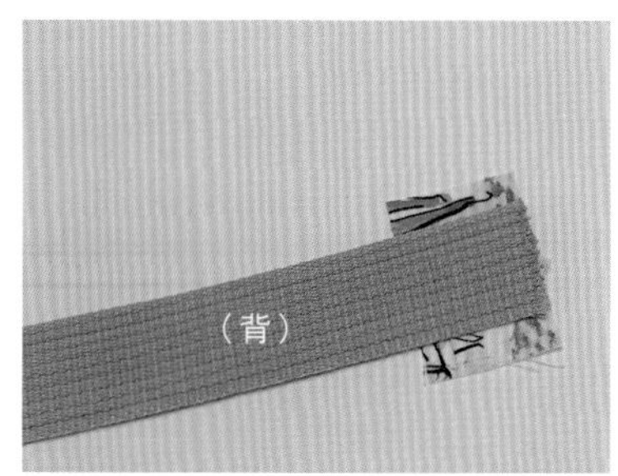

2 裝飾布和織帶正面相對末端對齊，如圖車縫0.7cm。

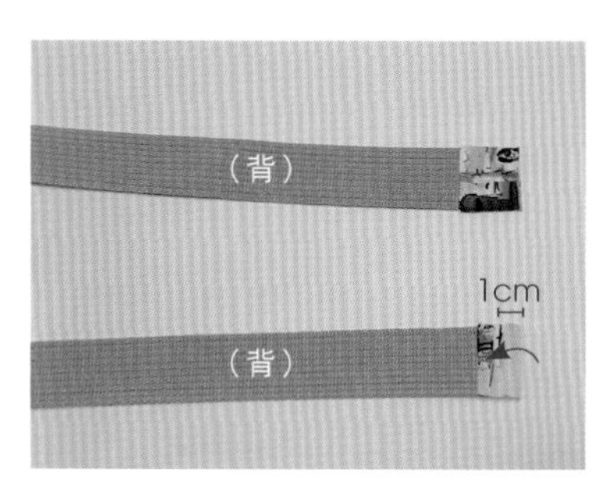

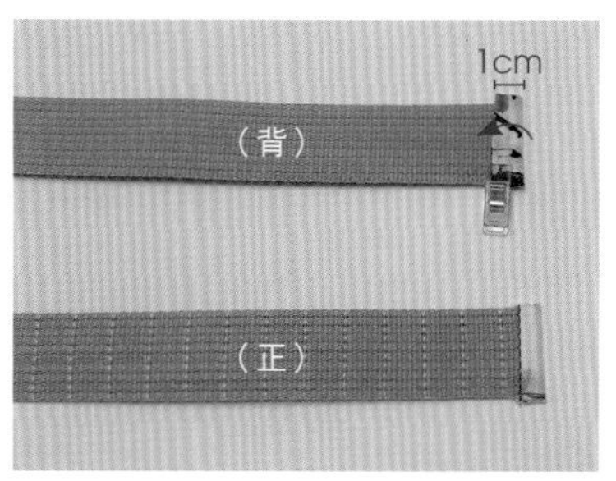

3 織帶裝飾布往外翻出，往內摺1cm，再一次往內摺1cm，回到正面車縫固定。

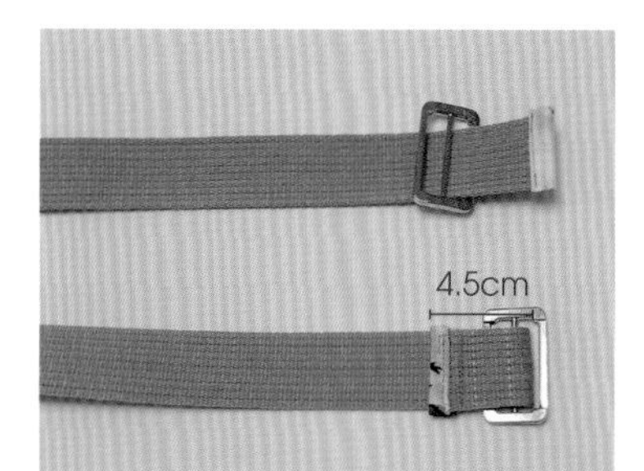

4 將這端由下往上套入日型環，如下圖反摺約4.5cm，回到正面口字車縫固定。

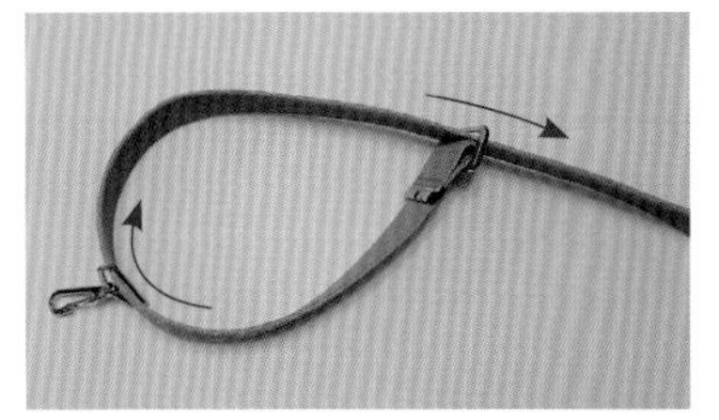

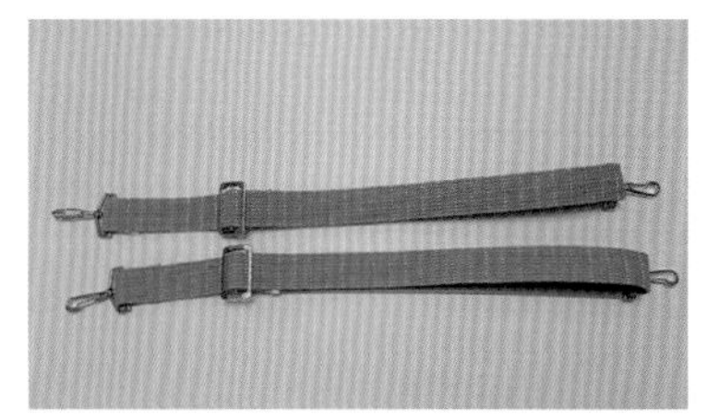

5 再將另一端穿入問號鉤。如圖反摺套入日型環後，再穿入另一問號鉤反摺約4.5cm。回到正面口字車縫固定。完成2條可調式背帶。

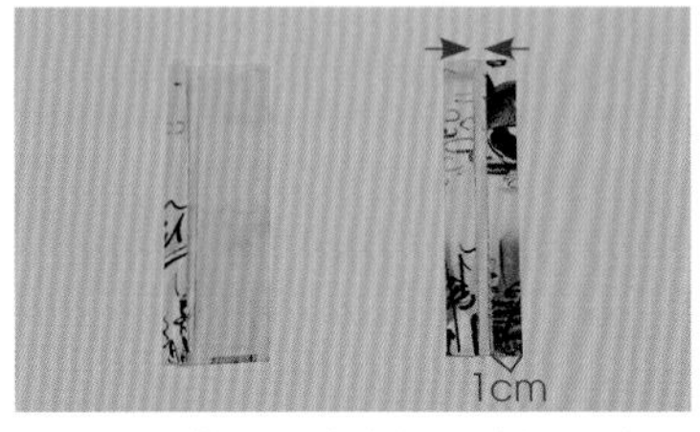

6 下背帶掛耳布先燙薄布襯，左、右往內燙摺1cm。

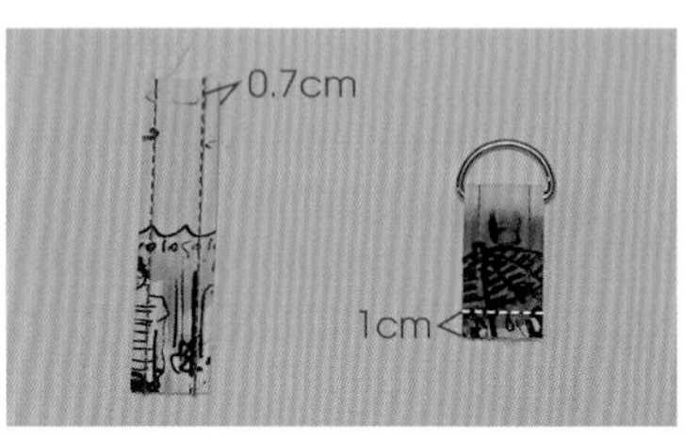

7 回正面左、右各自疏縫0.7cm，如右圖套入2.5cmD型環再往下對摺，再疏縫固定，完成2組。

8 下背帶絆布如圖對角裁開。

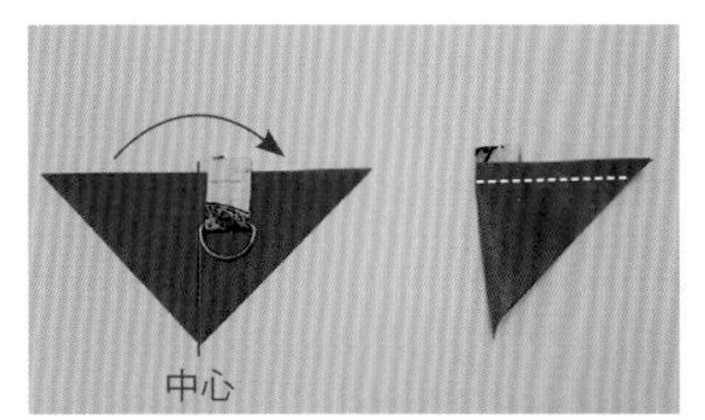

9 取步驟（二）7的掛耳布D環，如左圖置於中心線右側，下背帶絆布往右對摺上方車縫固定。

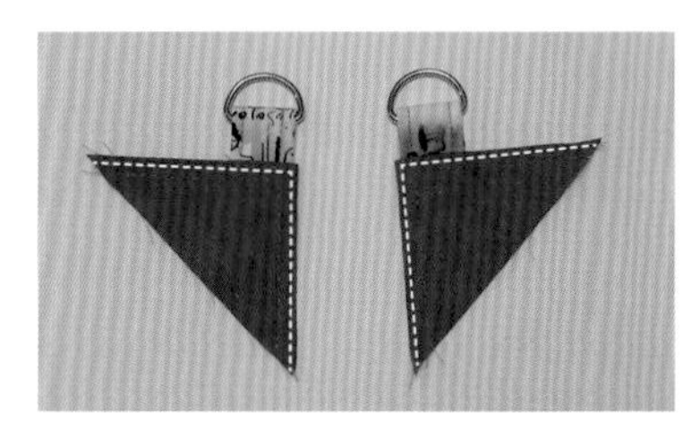

10 翻回正面如圖車縫裝飾線，完成下背帶掛耳。

（三）製作前表袋口袋&前表袋身

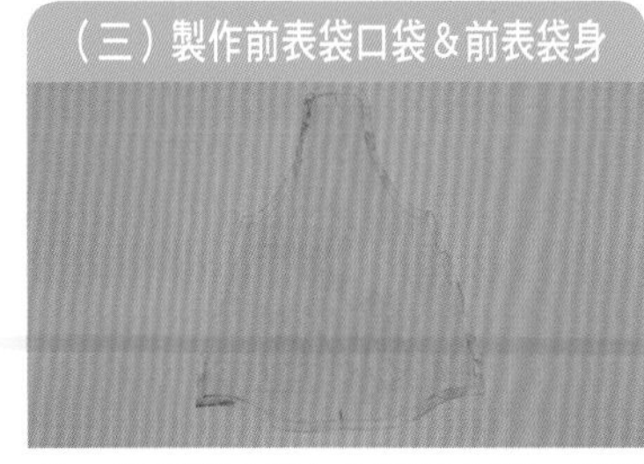

1 前表袋口袋布先燙厚布襯，再燙薄布襯。

2 將前表袋口袋布表、裡布正面相對，如圖車縫，弧度剪牙口。

3 翻回正面四周沿邊0.5cm壓線和疏縫。

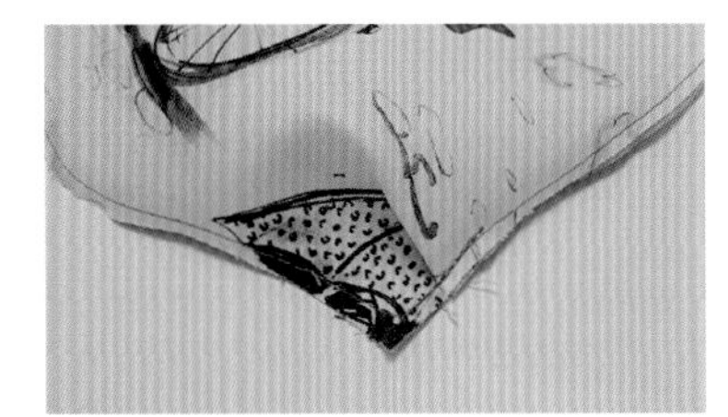

4 左、右下側依紙型標示摺子，往下摺疏縫固定，完成前表袋口袋。

5 將前表袋口袋疊放在前上表袋身，U字疏縫。

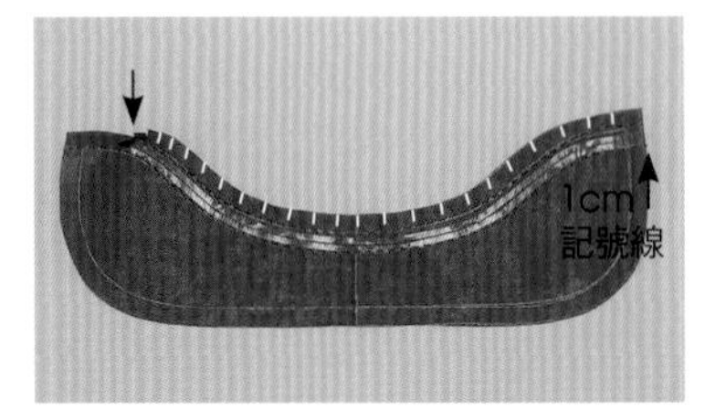

6 取下表袋，上方弧度剪牙口，車縫線往下畫1cm記號線，沿邊黏上雙面膠，如圖往下摺對齊心記號線。

7 回到正面，將下表袋，如圖重疊在上表袋下方1cm縫份上，距離邊0.1cm車縫接合處，再和特殊襯四周疏縫一圈。

8 依紙型標示位置安裝鉚釘，完成前表袋身組合。

（四）製作後表袋身

1 取後中表袋先燙薄布襯，重複（三）6、7的步驟，和下表袋車縫接合，★先不和特殊襯疏縫。

2 將拉鍊口袋布置中和後中表袋正面相對，上方布邊對齊，如圖記號線車縫。

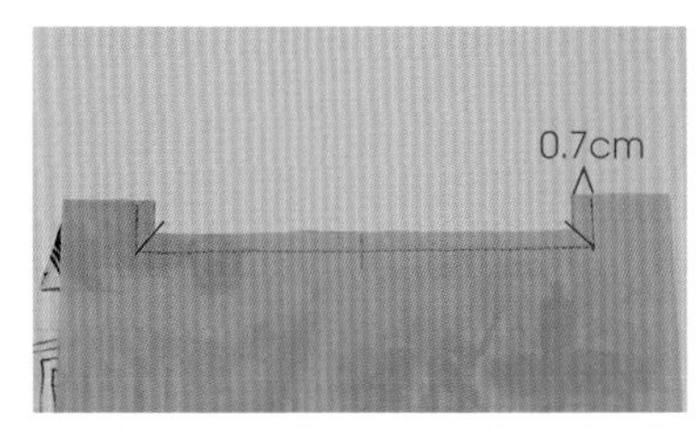

3 留0.7cm縫份其餘修剪，在兩端直角處剪牙口。

4 翻回正面疊放在3V 15cm的拉鍊上，U字車縫固定。

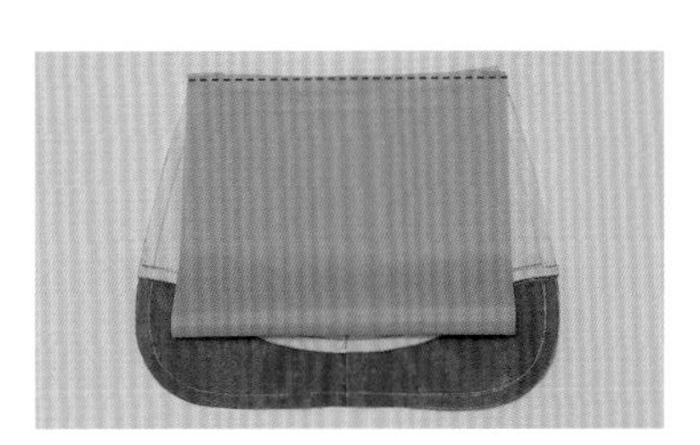

5 翻到背面，將口袋布往上摺，口袋布對齊拉鍊上方，疏縫一道。

6 再翻回正面，取後上表袋，和後中表袋正面相對，對齊拉鍊上方車縫。

7 回到正面，在拉鍊邊車縫裝飾線。

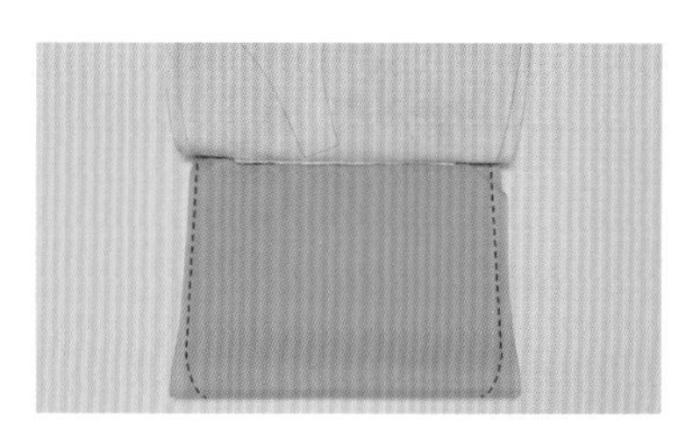

8 將後中表袋往上翻，車縫口袋布左右側。

9 先和特殊襯四周疏縫一圈，依紙型標示位置安裝鉚釘，和車縫下背帶掛耳在兩側，完成後表袋身。

（五）製作側表袋身

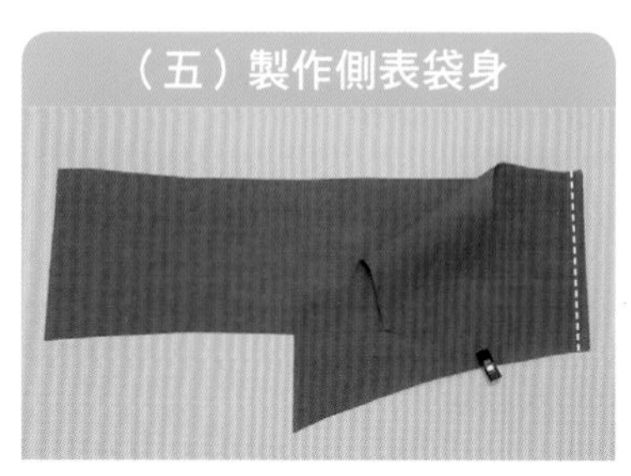

1 側表袋身下方和表袋底的一側對齊，正面相對，車縫接合。

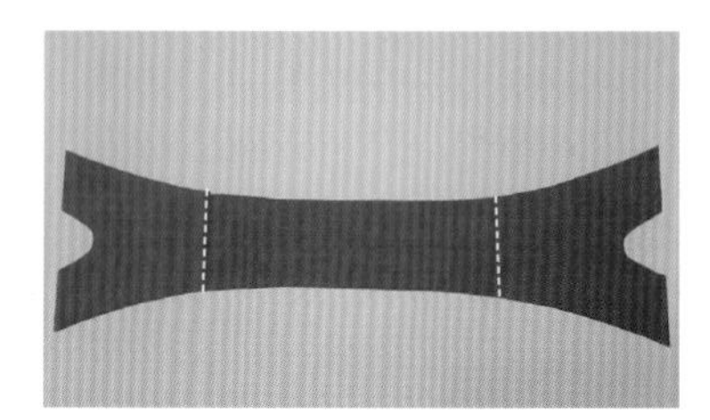

2 另一側作法相同，縫份導向側袋身，沿邊壓線在側袋身上，再和特殊襯四周疏縫一圈。

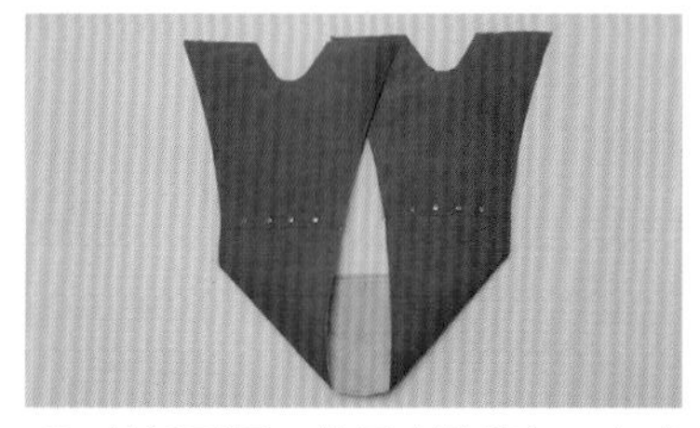

3 依紙型標示位置安裝鉚釘，完成側表袋身。

（六）製作裡袋身

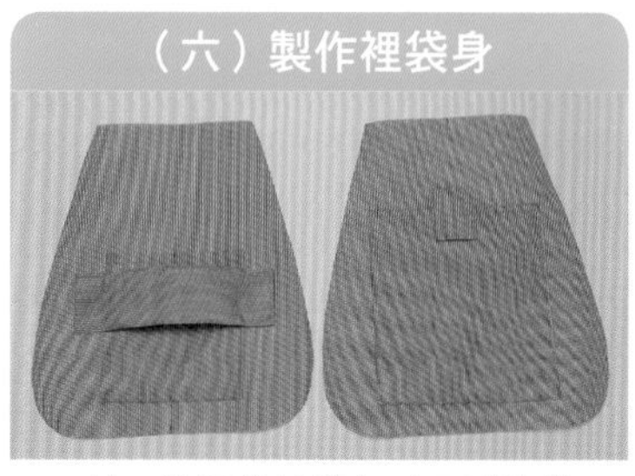

1 前、後裡袋依據個人需求製作口袋。

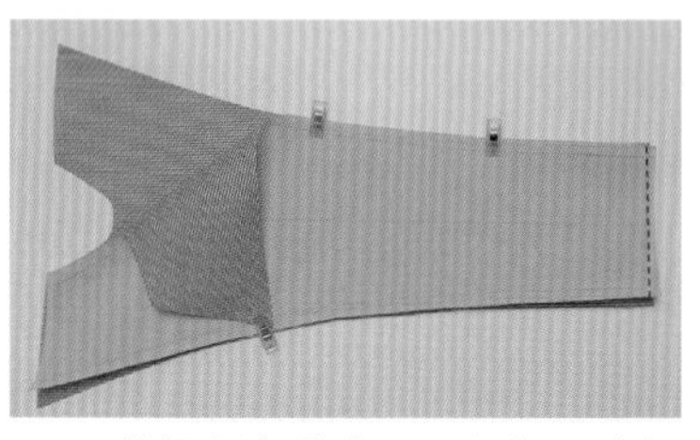

2 2片裡側身袋底正面相對，車縫底中心。

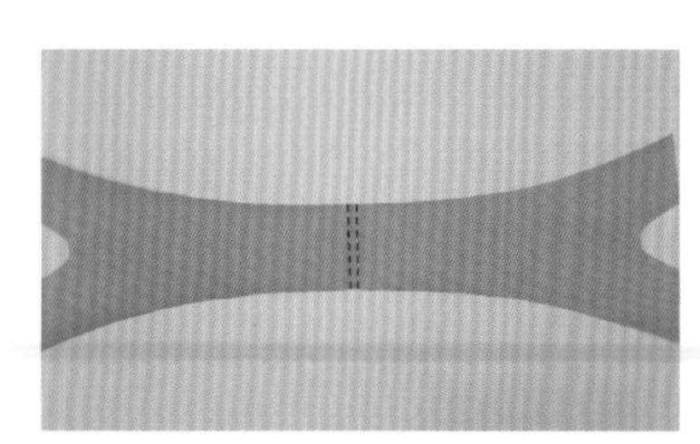

3 縫份倒向兩側，在中心線兩側各自壓線，再和特殊襯四周疏縫一圈。

（七）組合

1 取前表袋身和表側身袋底，正面相對車縫接合。弧度處可先剪牙口。

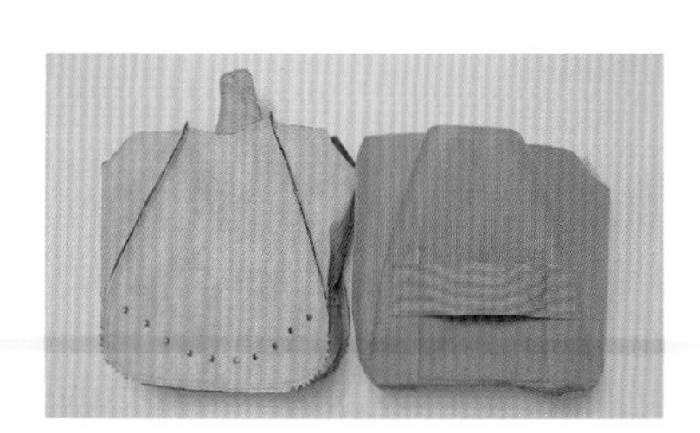

2 後表袋身、裡袋組合做法相同。完成表、裡袋組合。

3 將裡袋套入表袋，兩者正面相對。

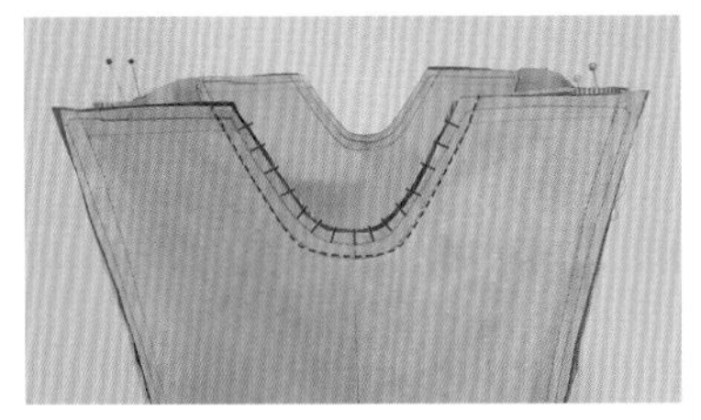

4 如圖車縫側表袋上方，弧度處剪牙口。

5 翻回表面，整理袋口，留意側邊車縫處的縫份，相互錯開以減少厚度疏縫一圈。

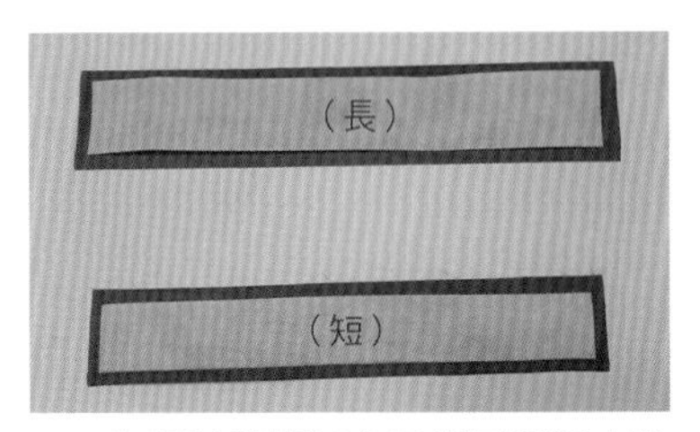

6 先將特殊襯以布用雙面膠置中黏在口金布的背面，左、下、右方往內摺1cm。長、短口金布作法一樣。

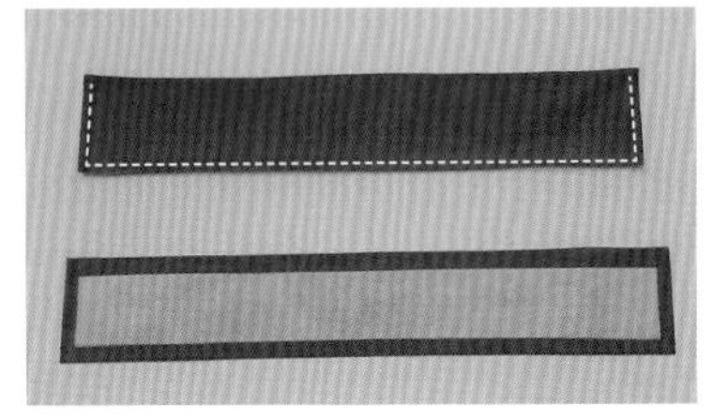

7 如上圖回正面ㄩ字疏縫0.7cm。長、短口金布作法一樣。

8 取（短）口金布沒有內摺1cm的那側和袋身前片正面相對，上方置中對齊車縫。

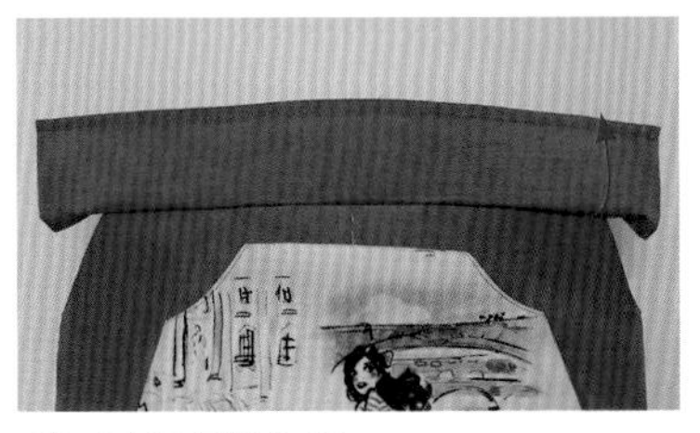

9 口金布往上摺。

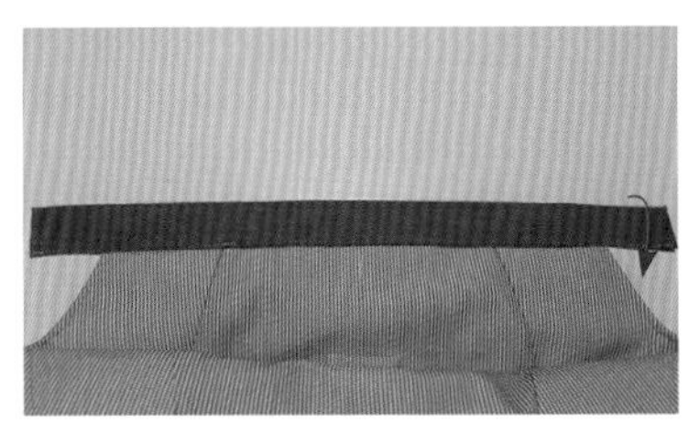

10 翻到裡面，口金布往下摺，對齊車縫線下約0.3cm。

11 回到正面，沿著車縫線，車縫接合口金布（留意背面的口金布也要車到）。

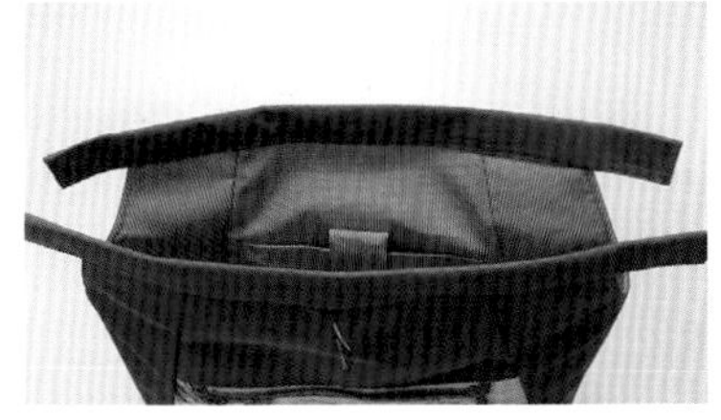

12 另一側做法相同，完成前、後口金布。

13 在表袋前面紙型標示位置安裝掛耳，當作前口金拉片。

14 依紙型標示位置在表袋後面，安裝插釦底座和背袋掛耳。

（八）安裝醫生口金

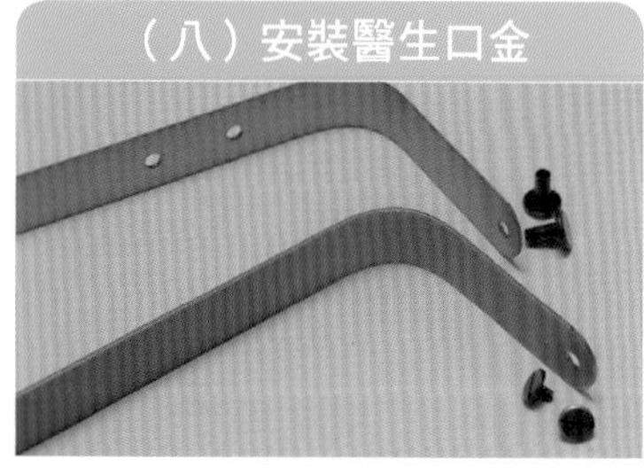

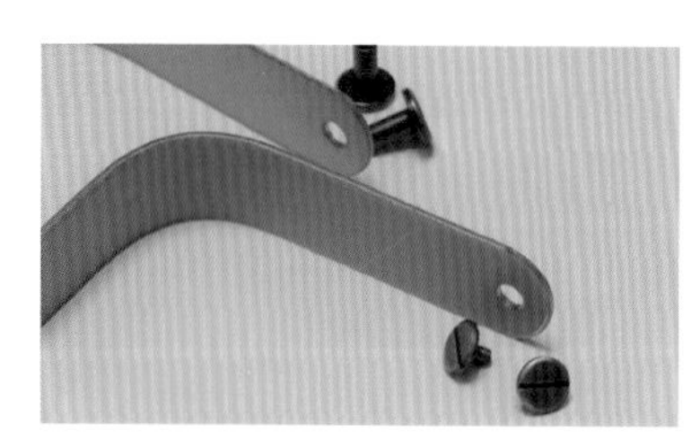

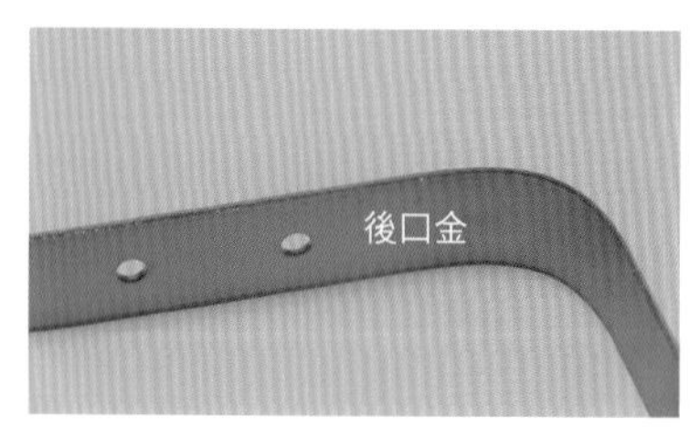

1 醫生口金支架的側邊，各有一個洞口，是鎖螺絲用的。後口金的上面，左右各有兩個洞，用來固定提把掛耳，通常選外側的洞。

2 將短的口金支架，從前表袋身口金布的一側洞口穿入。（長的口金支架，從後表袋身口金布一側洞口穿入）。

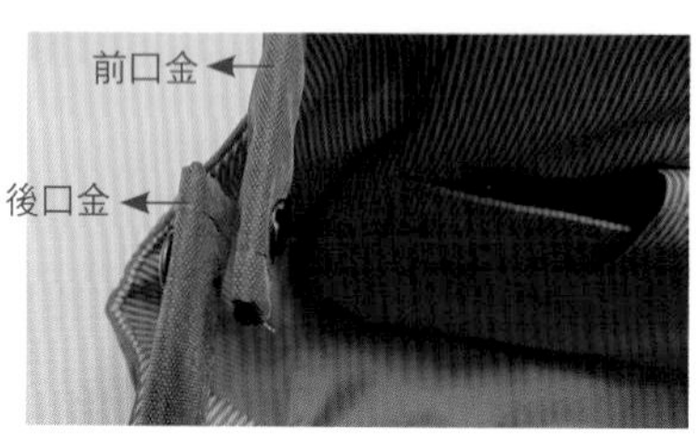

3 在口金布的兩側（相對於口金支架兩側的螺絲洞）穿洞，將螺絲穿入，前後口金的洞口重疊★後口金在外，前口金在內★。

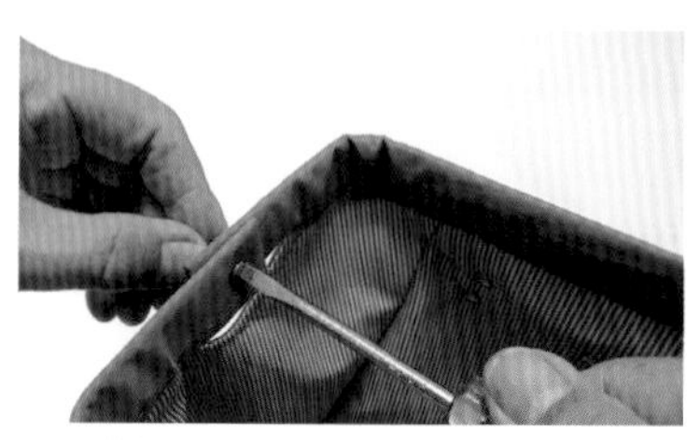

4 從裡面將螺絲鎖好。

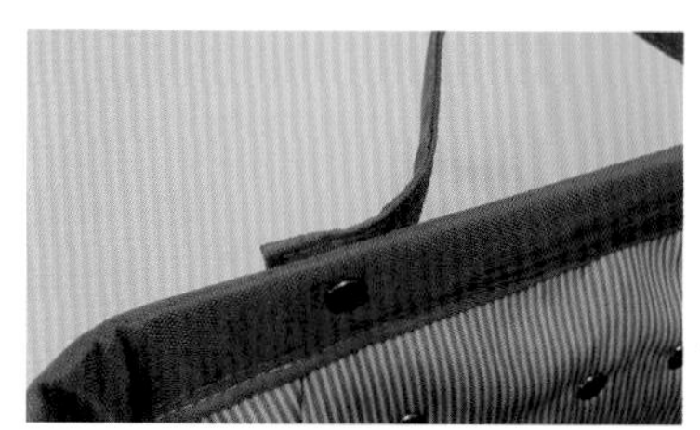

5 先找出後口金上的外側洞口，將步驟（一）3的提把用8mm×10mm的鉚釘安裝固定在後口金上。

6 在前表袋口袋的上端安裝插釦。

7 完成囉！

可隨個人習慣變更背面口袋的走向，打造最好的使用感受。

清新空氣感後背包

「極輕量又無負擔」

輕鋪棉設計讓袋身整個輕巧了起來，觸感柔滑，背帶採三明治網布設計，好背不悶熱。

便利性與靈活性也很適合當媽媽包。

雙層拉鍊口袋設計，
收納小物有條有理。

容量大，輕鬆裝進一日所需物品。

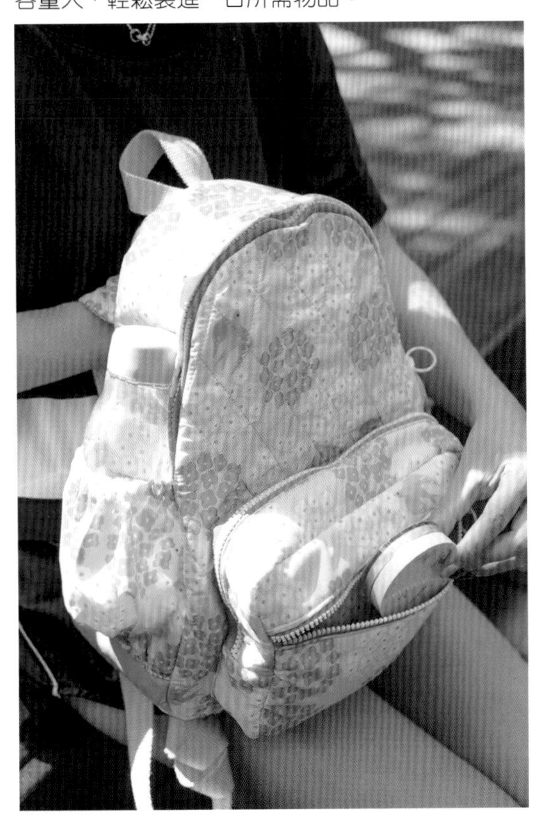

內外皆有側邊口袋可放水壺或雨傘，方便好拿取。

設計：水貝兒縫紉手作

紙型：D面　　尺寸：寬24cm×高35cm×底寬11.5cm

裁布表

※ 紙型與數字尺寸皆已含縫份。

部位名稱	尺寸	數量	備註
表袋身			
袋身	粗裁 40×45cm	2 片	鋪棉 40cm×45cm
拉鍊布	53×24cm	1 片	鋪棉 53cm×12cm
拉鍊側身 A	40×12cm	1 片	鋪棉 40cm×6cm
拉鍊側身 B	40×10cm	1 片	鋪棉 40cm×5cm
鬆緊口袋	24×34cm	4 片	
拉鍊口袋 A 上片	紙型	1 片	鋪棉
拉鍊口袋 A 下片	紙型	1 片	鋪棉
拉鍊口袋 B	紙型	2 片	
背帶	紙型	左右對稱各 1 片	鋪棉、網眼減壓布
袋底	紙型	1 片	※ 合成皮革，也可用裡布替代
裡袋身			
袋身	紙型	2 片	
內口袋	紙型	1 片	
袋底	紙型	1 片	鋪棉

配 件

- 5V 拉鍊長 50cm×1 條
- 5V 拉鍊長 40cm×1 條
- 5V 拉鍊長 23cm×1 條
- 寬 2.5cm 織帶長 20cm×1 條
- 寬 2.5cm 織帶長 10cm×2 條
- 寬 2.5cm 織帶長 74cm×2 條
- 寬 2.5cm 日型環 ×2 個
- 寬 1cm 鬆緊帶長 10cm×4 條
- 寬 4.5cm 滾邊條長 250cm×1 條

製作方法

（一）製作鬆緊口袋

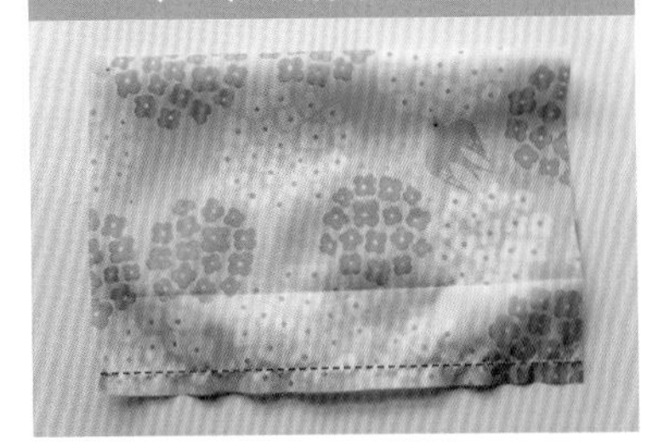

1 將鬆緊口袋布短邊對折、正面朝內，車縫1cm。

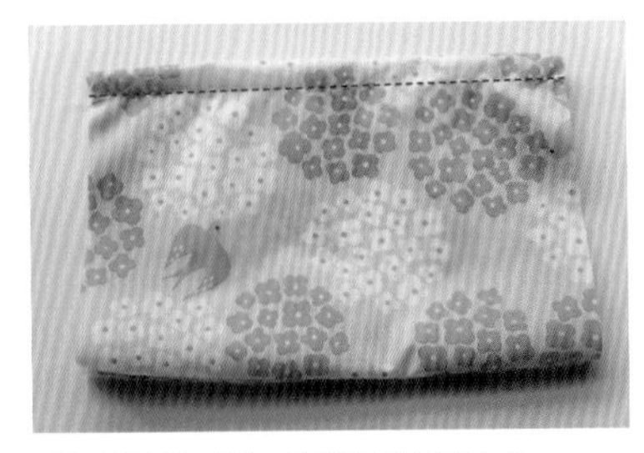

2 翻回正面，在袋口壓線1.5cm。

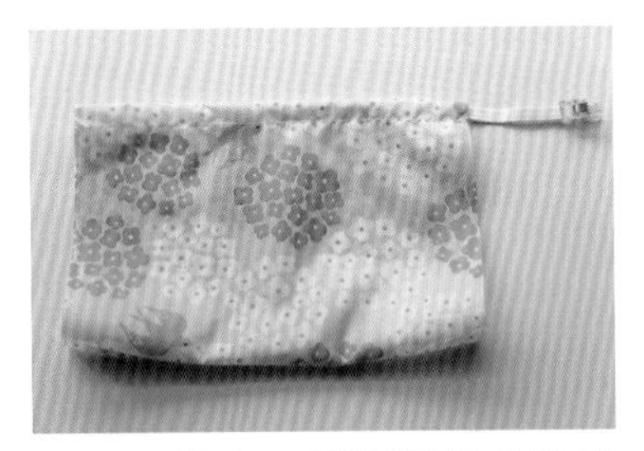

3 取一段10cm鬆緊帶穿入步驟2車好的洞口中。

4 平均拉好鬆緊帶，在左右兩端車縫0.5cm固定。

5 下端以大針目疏縫抽皺。

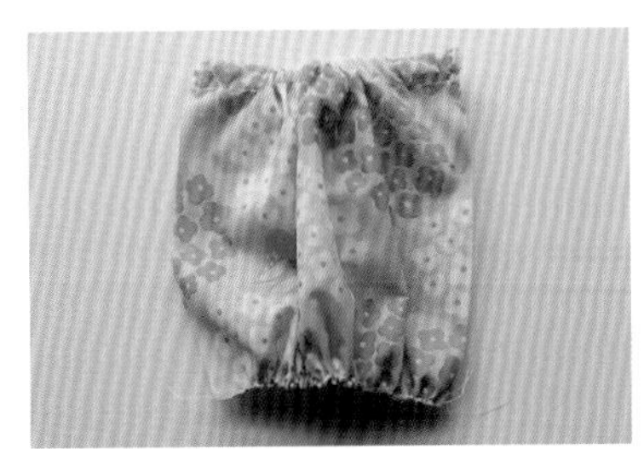

6 抽皺模樣如圖，同做法完成四個鬆緊口袋。

（二）製作外口袋

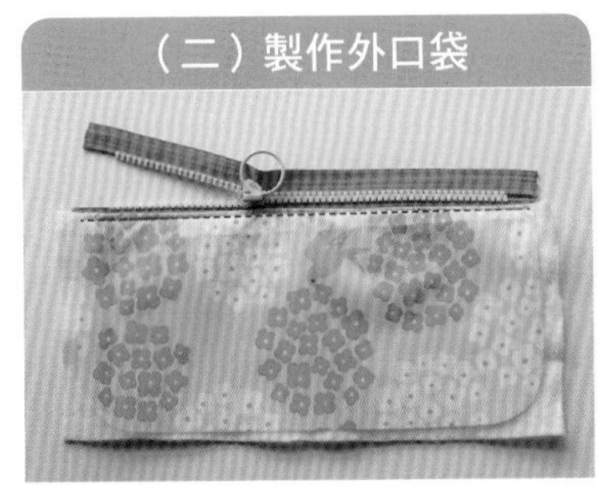

1 取23cm拉鍊與拉鍊口袋A下片正面相對，車縫一道。翻回正面，壓線0.2cm。

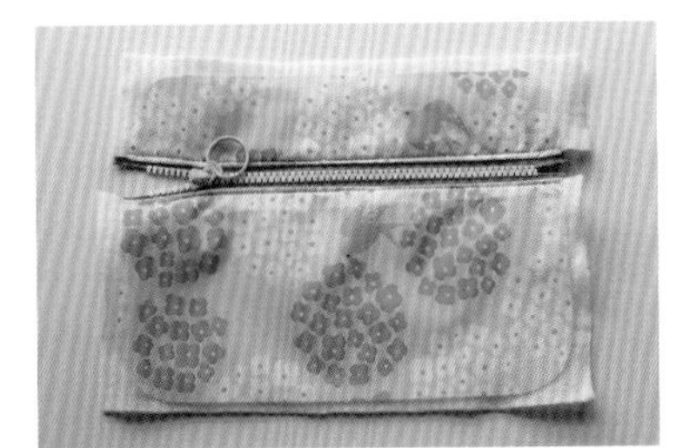

2 同做法接合拉鍊口袋A上片，翻回正面壓線0.2cm，完成拉鍊口袋A。

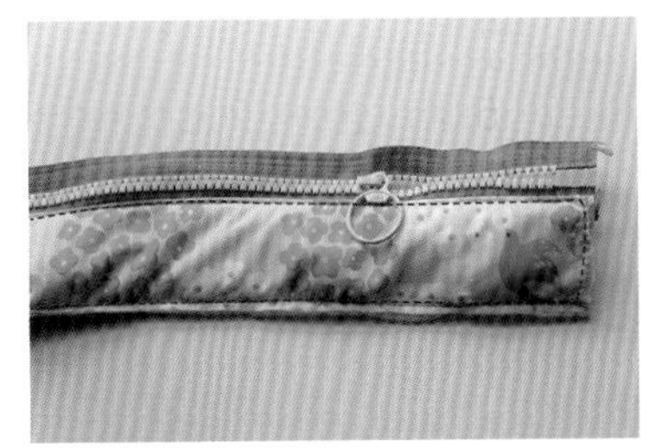

3 將拉鍊側身B長邊對折，與40cm拉鍊一端車合。

4 將拉鍊側身A長邊對折，分別與拉鍊左右兩端接合，形成一圈。

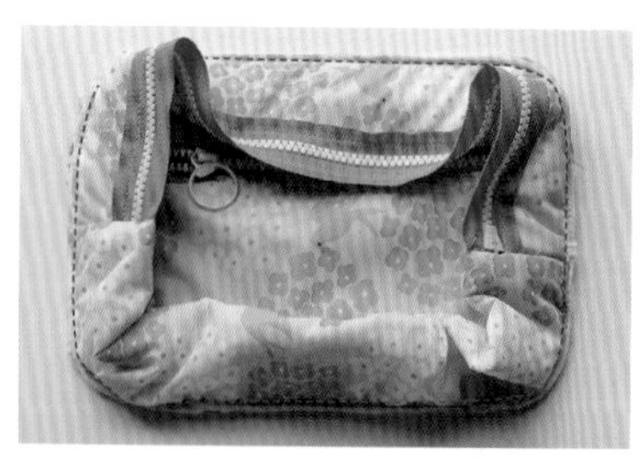

5 取一片拉鍊口袋布B正面朝上，疊上拉鍊口袋A。接著取拉鍊側身正面朝下，沿邊對齊，疏縫一圈0.5cm。

6 取另一片拉鍊口袋布B正面朝下，下方預留返口，車縫1cm。車好翻回正面。

（三）製作袋身

1 將袋身表布兩片先燙上鋪棉，自由壓線備用。

2 依紙型裁剪袋身表布並畫上外口袋位置記號。將外口袋拉鍊拉開，對齊記號，上端車縫1cm。

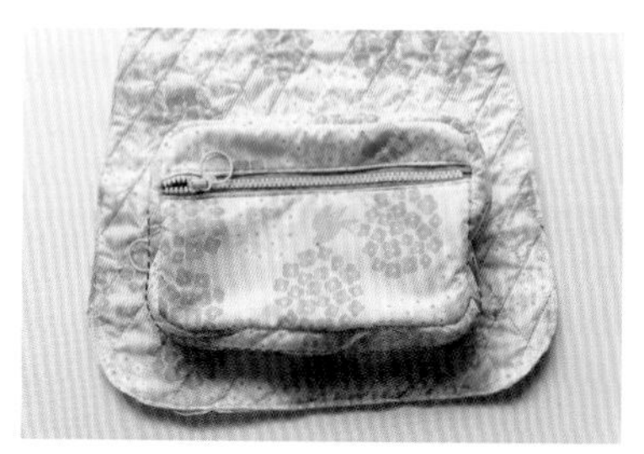

3 外口袋下端對齊記號，車縫0.2cm固定。

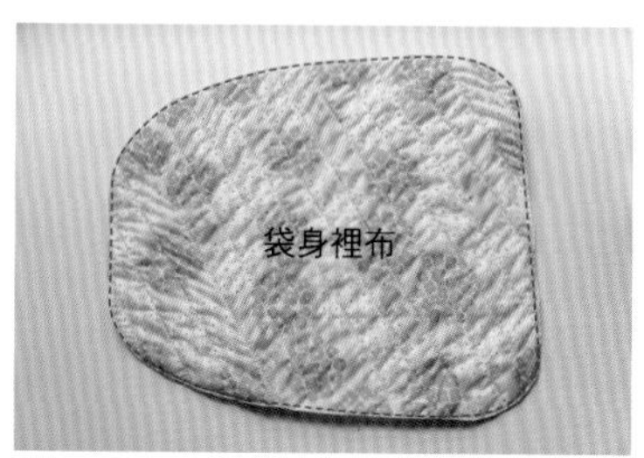

4 將袋身裡布與步驟3表布背面相對，疏縫一圈0.5cm，完成袋身前片。

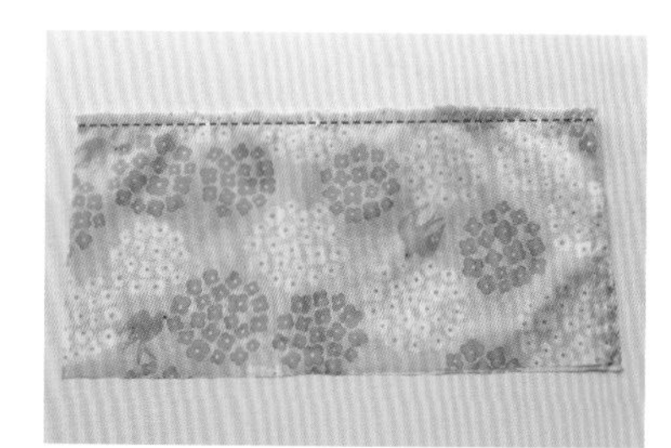

5 將內口袋布對折，於袋口車縫壓線1cm。

6 內口袋與另一片袋身裡布下端對齊，車縫固定。接著再取一片袋身表布，兩者背面相對，疏縫一圈0.5cm，完成袋身後片。

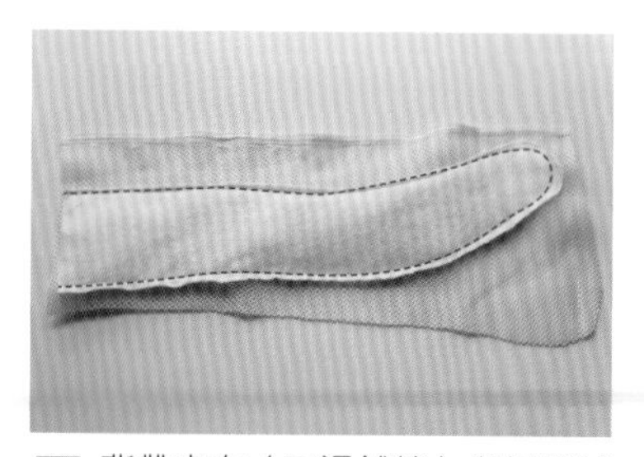

7 背帶表布（已燙鋪棉）與網眼減壓布兩者正面相對，車縫1cm。

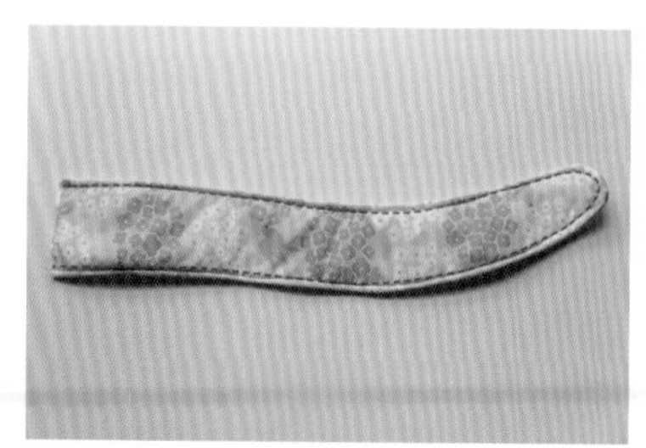

8 翻至正面，壓線1cm。

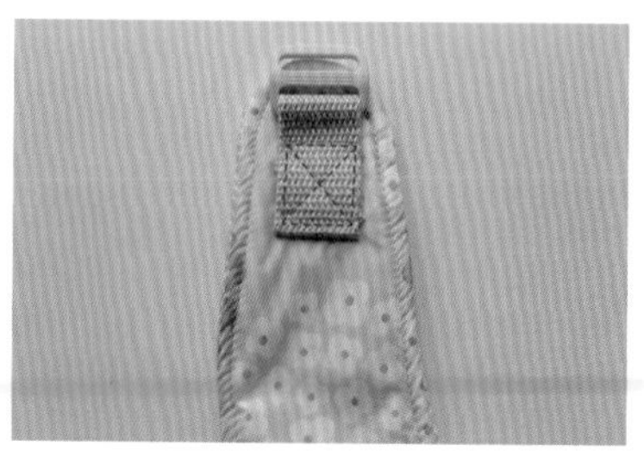

9 取一段10cm織帶套入日型環並對折，將織帶末端往內收邊，車縫於背帶底端。

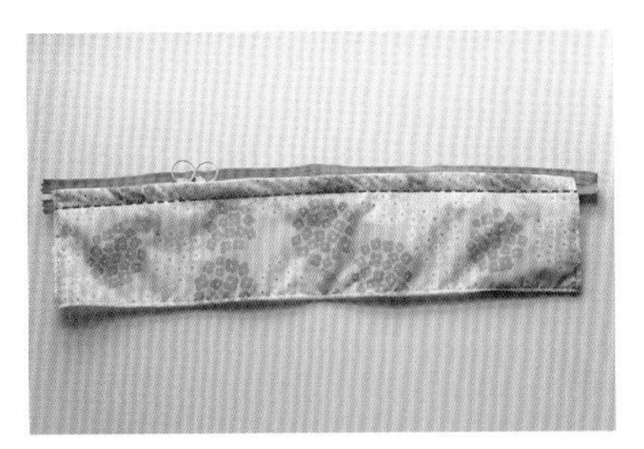

10 將拉鍊布長邊對折，如圖蓋過50cm拉鍊的拉鍊齒，車縫1.5cm固定。

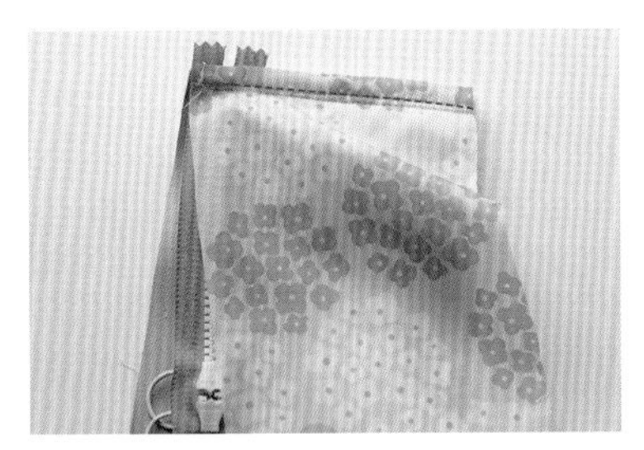

11 袋底表裡布正面相對，夾車拉鍊布車縫1cm。另一端做法相同，車好成一圈，完成側身。

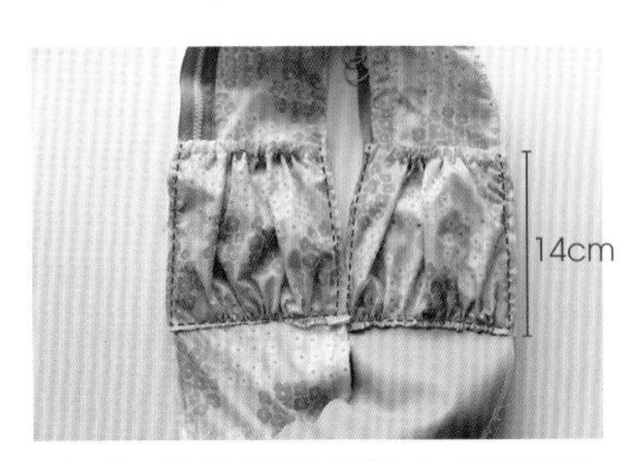

12 找出表側身接合處兩端向下14cm處，車縫鬆緊口袋0.2cm，裡側身做法相同，共完成4個口袋。

13 取一段20cm織帶對折，車縫在後片中心點，完成提把。

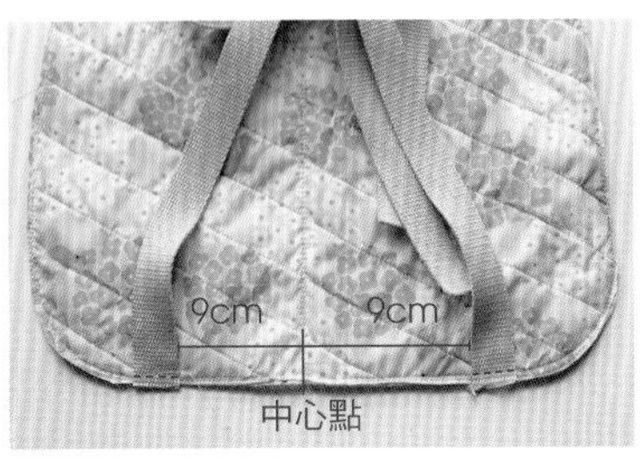

14 取兩段74cm織帶，如圖車縫於後片。

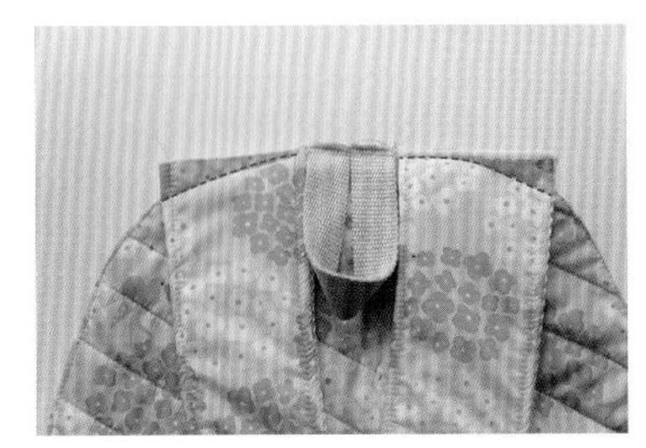

15 將背帶車縫於提把兩旁，車好將多餘的縫份修齊。

16 將步驟14織帶另一端如圖套入日型環下方，尾端對折三折車縫固定。

17 將側身與袋身前片正面相對，車一圈固定，接著沿邊進行包邊。同做法車合袋身後片，翻回正面，完成。

紙型索引

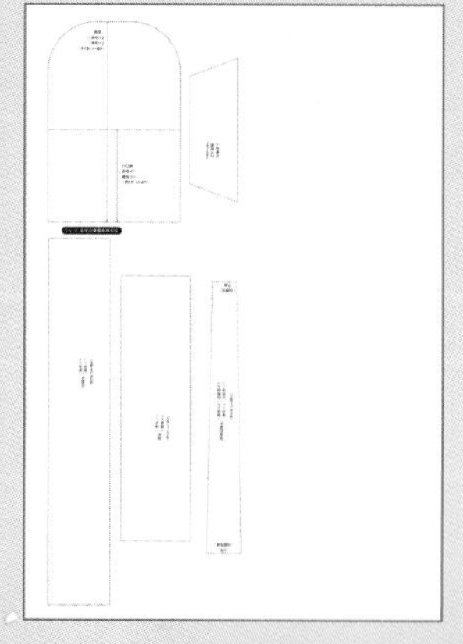

010｜A面
就是白單雙肩兩用包

016｜A面
花漾行旅單背包

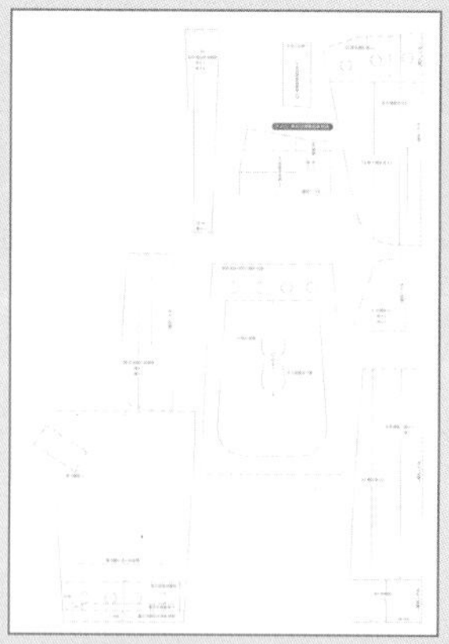

024｜A面
森林浴單雙肩後背袋

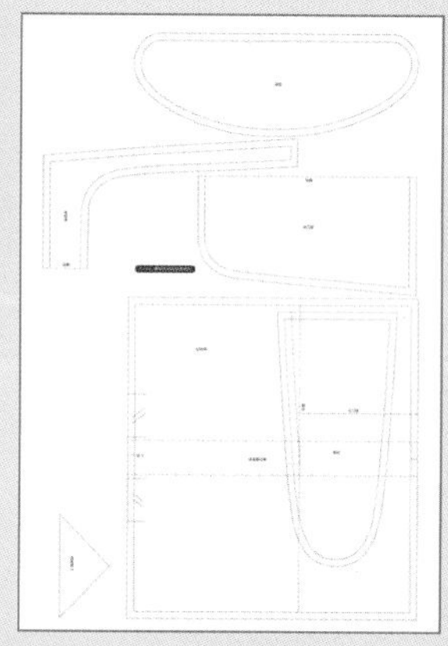

034｜B面
繽紛時尚防盜兩用包

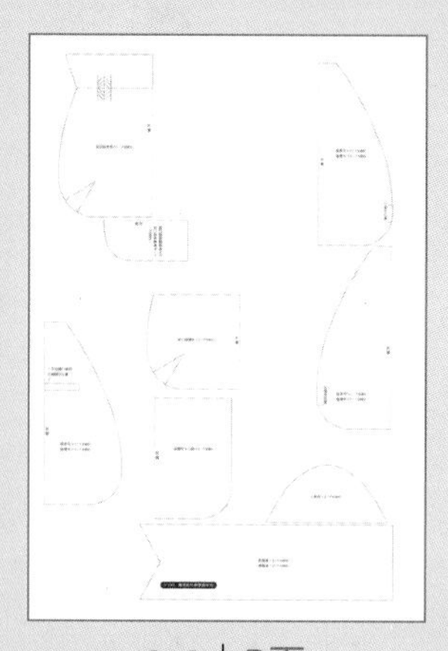

040｜B面
撞色帆布單雙肩背包

048｜B面
輕巧提背2way防盜包

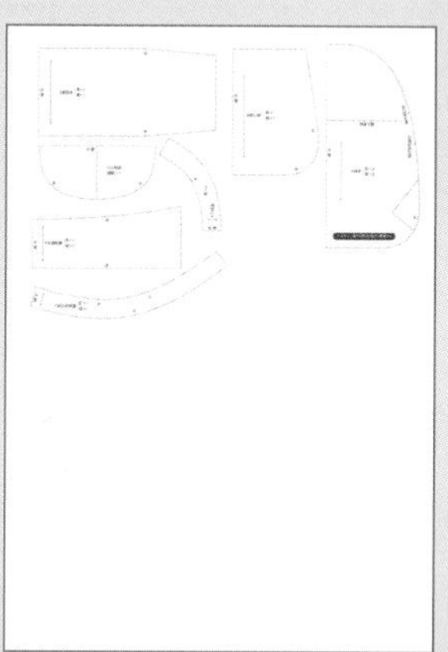

056｜C面
簡約俐落帆布雙肩包

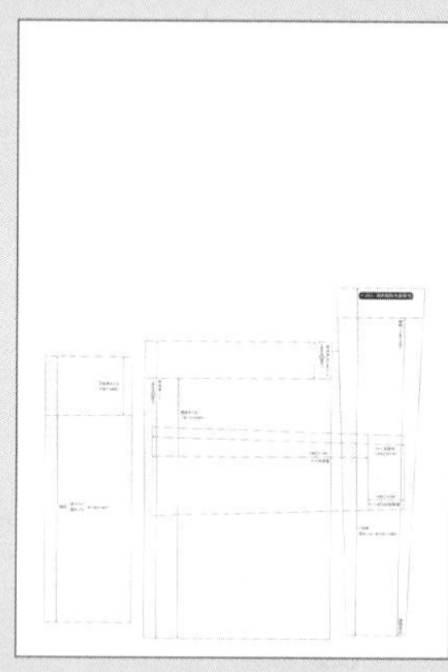

064｜C面
純粹藍帆布後背包

070｜C面
酷炫汪星人三層後背包

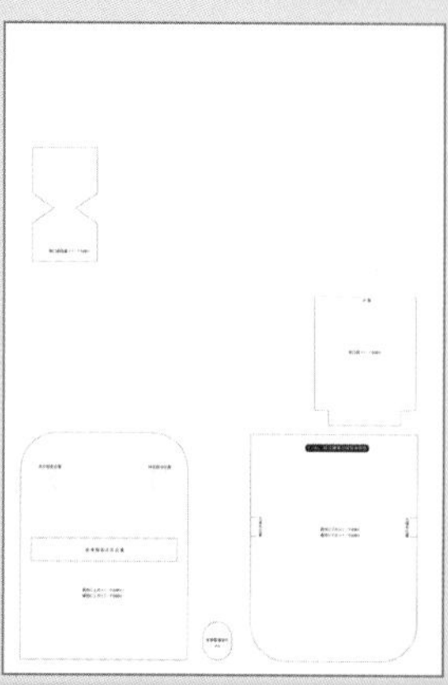

080｜D面
超立體復古箱型後背包

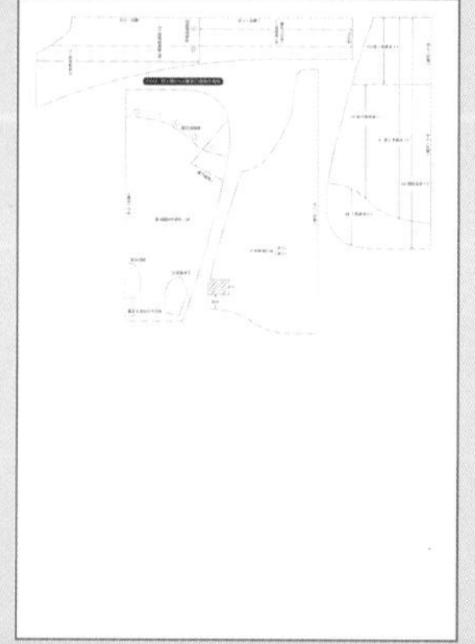

088｜D面
好心情25cm
醫生口金後扣背包

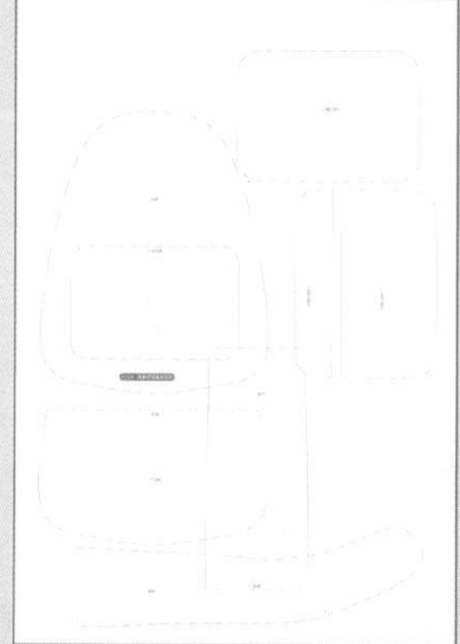

098｜D面
清新空氣感後背包